Andreas Seidel

Die Zeit der himmlischen Wunder

Andreas Seidel

# Die Zeit der himmlischen Wunder

und andere Geschichten

Goldene Rakete Verlag für Belletristik

**Impressum / Imprint**
Bibliografische Information der Deutschen Nationalbibliothek: Die Deutsche Nationalbibliothek verzeichnet diese Publikation in der Deutschen Nationalbibliografie; detaillierte bibliografische Daten sind im Internet über http://dnb.d-nb.de abrufbar.
Alle in diesem Buch genannten Marken und Produktnamen unterliegen warenzeichen-, marken- oder patentrechtlichem Schutz bzw. sind Warenzeichen oder eingetragene Warenzeichen der jeweiligen Inhaber. Die Wiedergabe von Marken, Produktnamen, Gebrauchsnamen, Handelsnamen, Warenbezeichnungen u.s.w. in diesem Werk berechtigt auch ohne besondere Kennzeichnung nicht zu der Annahme, dass solche Namen im Sinne der Warenzeichen- und Markenschutzgesetzgebung als frei zu betrachten wären und daher von jedermann benutzt werden dürften.

Bibliographic information published by the Deutsche Nationalbibliothek: The Deutsche Nationalbibliothek lists this publication in the Deutsche Nationalbibliografie; detailed bibliographic data are available in the Internet at http://dnb.d-nb.de.
Any brand names and product names mentioned in this book are subject to trademark, brand or patent protection and are trademarks or registered trademarks of their respective holders. The use of brand names, product names, common names, trade names, product descriptions etc. even without a particular marking in this work is in no way to be construed to mean that such names may be regarded as unrestricted in respect of trademark and brand protection legislation and could thus be used by anyone.

Coverbild / Cover image: www.ingimage.com

Verlag / Publisher:
Goldene Rakete Verlag für Belletristik
ist ein Imprint der / is a trademark of
OmniScriptum Publishing Group
Contact: ICS Morebooks! Marketing SRL, 4, Industriala street, 3100 Balti, Republic of Moldova
Email: info@omniscriptum.com

Herstellung: siehe letzte Seite /
Printed at: see last page
**ISBN: 978-3-639-80044-9**

# Die Zeit der himmlischen Wunder

## Das Treffen

*Es war einmal* ......................vor einer sehr, sehr langen Zeit......!!!

Unverrichteter Dinge kehrte Bran mit seiner Gruppe aus den Wäldern zurück.
Enttäuscht ging der bärtige Hüne mit den fettigen schwarzen und schmutzverklebten Haaren vor der Gruppe her. Auch diesen Tag hatten die von ihm gebauten Fallen keine Beute eingebracht. Die Gruppe um den bärtigen Hünen Bran hatte wieder kein Jagdglück. Kein Jagdwild, schon überhaupt nicht eines der riesigen Rüsseltiere mit dem zotteligen Fell hatte man gesehen. Auch andere ausgesandte Gruppen kehrten ohne Ergebnis von der Jagd zurück.
Eines – hätten wir doch nur eines erlegen können. Enttäuscht zu Boden blickend trottete Bran vor der Gruppe her. Den ganzen Winter hindurch hätte die kleine Gemeinschaft am Rand des Waldes ausgesorgt. Stattdessen hatte man noch nicht einmal das donnernde Trompeten auch nur eines dieser Mammuts gehört.
Bran machte sich Sorgen. Und das wollte schon etwas heißen.
„Verdammtes Eis“ fluchte er. „Wo sind nur die Tiere geblieben?“
Er, der sonst so nüchterne und findige Fallenbauer und Jäger war ratlos.
Erneut ging ein Tag ohne gejagtes Fleisch zu Ende. Lediglich die Frauen hatten ein paar Beeren gesammelt. So kehrte die kleine Gemeinschaft am Rande des Waldes hungrig zur Höhle zurück und die meisten versuchten zu schlafen, wollte man am nächsten Tag doch wieder versuchen zu jagen. Sofern es was zu jagen gab.
Das erste Mal, seit Bran Fallen baute, litt die Gemeinschaft Hunger.
„Was nützen die besten Fallen, wenn es keine Tiere mehr gibt“ raunte Bran enttäuscht.
An diesem Abend ging auch der alte und erfahrene Fallenbauer früh zur Ruhe und legte sich auf sein Lager.
Nur konnte er nicht so Recht schlafen. „Was sollen wir denn nur essen?“
Immer wieder kehrten seine Gedanken an die unglückliche Jagd vom Tage zurück. An Schlaf war kaum zu denken. Schon gar nicht, wenn der Magen knurrt.

*******

Die ersten Sonnenstrahlen blinzelten durch die Bäume des Waldes und wildes Gerede in der Nähe weckte den bärigen Fallenbauer. Bran schreckte von seinem Lager hoch. Überzeugt, er wäre eben erst eingeschlafen blickte er verstört um sich.
Einige Bewohner hatten sich versammelt und diskutierten, andere zeigten besorgt zum Waldesrand. Wieder andere blickten in Richtung des kleinen Sees.
„Was ist los?“ wollte Bran wissen und rieb sich gähnend die Augen. Borel, ein junger Bursche mit wallendem schwarzem Haar und unglaublich drahtig muskulösem Oberkörper zeigte auf den Waldrand. „Die Gruppe der Beerensammler ist noch immer nicht zurück“! Bran sah Borel fragend an.
„Aber sie sind gestern zusammen mit uns losgeschickt worden“ erinnerte sich Bran.
„Toras“? „Ja“ sagte Borel. Toras führte die Gruppe. „Und sie sind noch immer nicht zurück? Toras ist ein erfahrener Führer und kennt sich aus. Borel sah Bran angsterfüllt an. „Sie kommen bestimmt wieder und deinem Bruder wird nichts geschehen sein“. Doch den jungen Borel konnte das nicht so richtig beruhigen, denn seit geraumer Zeit fehlten nicht nur die Tiere im Wald, sondern es verschwanden auch immer wieder Mitglieder der Gemeinschaft beim Früchte sammeln oder Wasser holen.
Ausgesandte Suchtrupps kehrten unverrichteter Dinge zurück und auch der Rat der Ältesten wusste nicht so Recht, was zu tun sei.
Auch Bran gehörte dem Rat der Gemeinschaft an. Er war wegen seiner Besonnenheit und seinem Geschick im Fallenstellen sehr geachtet. Dank seines Einfallsreichtums hatte das Dorf nie Hunger leiden müssen. Bis heute.
Doch auch Bran war ratlos, was das Fehlen der Tiere im Wald und das Verschwinden einiger Dorfbewohner anging.
Einige kamen vom Holzsammeln im Wald nicht zurück, andere wurden seit dem Wasserholen vom nahe gelegenen See vermisst.
Also entschied man, dass nur noch Gruppen zum Jagen oder Sammeln ausgeschickt wurden.
Am Abend dieses milden Herbsttages war eine weitere Versammlung der Ältesten vorgesehen und Bran wollte sich gerade zum Treffpunkt begeben, als Schreie zu hören waren.
Einige Frauen zeigten zum nahen Waldrand. Bran sah von dort jemanden blutüberströmt herantorkeln. Erst spät erkannte er, dass es Toras war. „Holt Borel !“ rief Bran und rannte dessen Bruder entgegen. Kurz bevor er ihn erreichte, brach Toras kraftlos zusammen.
Als Borel seinen Bruder sah, stürmte er wie wild los um ihm zu helfen. Schon bald stand die ganze Gemeinschaft um den bewusstlosen Toras herum. Einige weinten, andere blickten entsetzt zu Boden.

Erst als Toras sich regte und vor Schmerzen zu stöhnen begann, kamen einige wieder zur Besinnung. Bran und Borel trugen den schwer Verletzten, der von oben bis unten aus klaffenden Wunden blutete, zur Höhle.
Der Kräuterkundige der Gemeinschaft wurde gerufen und ein Feuer entfacht um dem Verletzten Wärme zu spenden.
„Tiger, riesige Tiger“, stöhnte Toras. „Wir hatten keine Chance, sie kamen plötzlich aus dem Wald“. „Tot, alle tot“, weinte er und wurde wieder bewusstlos.
Nun war allen klar, welche Gefahr dem Dorfe auflauerte.
Bran, der Meister im Fallenstellen, rief sofort die stärksten jungen Burschen des Dorfes zusammen und verteilte Aufgaben ohne auf die Versammlung des Ältestenrates zu warten.
Jetzt hieß es handeln, denn mit diesen Bestien und ihren mächtigen bis zum Halsansatz reichenden messerscharfen Reißzähnen war nicht zu spaßen.
Einige der Jungen hatten auf Bran's Anweisung hin Speere zu schnitzen, andere hatten keilförmige Steine an Lanzen zu befestigen und den Frauen wurde aufgetragen, Gefäße mit Harz von den Bäumen zu füllen.
Diese Tiger mussten zur Strecke gebracht werden, sonst würde die kleine Gemeinschaft entweder verhungern oder selbst zur Beute werden.
Das war sicher.
Und nun war auch klar, wo die Tiere des Waldes geblieben waren.
Geflüchtet!
Sie waren geflüchtet vor der grausamsten Gefahr, die es zur Zeit des großen Eises gab.
Schnelle, wendige, blutrünstige Bestien, die ebenfalls auf der Jagd waren. Säbelzahntiger!

„Jetzt können uns nur noch die himmlischen Wunder helfen“. Borel wandte sich traurig ab.
„Ach Borel, du glaubst doch nicht etwa daran“? entgegnete Bran ungewollt barsch.
Niemand hat diese „Zeit der himmlischen Wunder“ je gesehen. Bran war verstört. Aber er verstand den jungen Borel. Lag dessen Bruder doch auf das Schwerste verletzt in der Höhle am Waldrand.
Bran kannte zwar die Erzählungen der Ahnen, aber er selbst glaubte nicht daran.
Auch wenn das große Licht am Himmel kommt und viele Farben malt, zu Essen bringt es uns nichts.
„Selber jagen macht satt“, sagte Bran dann immer, wenn er auf diese „Zeit der himmlischen Wunder“ angesprochen wurde.
Da war er aber so ziemlich der Einzige. Alle anderen freuten sich instinktiv darauf.

Auch das Fehlen der Tiere im Wald und die drohende Gefahr durch die gefährlichen Säbelzahntiger konnte einen seltsamen Stimmungswandel nicht aufhalten.
Mädchen begannen zu tanzen und zu singen. Junge Burschen flochten Blumenkränze und hängten sie den Tänzerinnen um den Hals.
Bran verstand das alles nicht. Er machte sich nur Gedanken um die Ernährung.
Und nun war sie gefährdet. Die Versorgung der Gemeinschaft am Rande des Waldes war gefährdet.
Die Freude der Gemeinschaft und das Tanzen der Mädchen ging zwar auch an dem sonst so besonnenen und erfahrenen alten Bran nicht spurlos vorüber, aber „Himmlische Wunder" konnten auf der Jagd nicht helfen, da war sich Bran sicher.
Und dennoch überkamen auch den alten und sonst so besonnenen Bran seltsame Gefühle. Immer wieder hatte Bran das unbestimmte Gefühl beobachtet zu werden. Er konnte sich keinen Reim darauf machen, aber er ertappte sich immer häufiger dabei, wie er zum Himmel hinauf sah, als würde er dort etwas suchen.
Bran war Meister im Fallenbau und eine zufällige „Erfindung" aus jüngster Zeit sollte den Bestien den Garaus machen. Der mürrische alte Mann erinnerte sich an einen kürzlich geschehenen Zwischenfall.

Der junge Borel war mit drei anderen Jungen zum Schutz der Frauen abgestellt worden, damit diese in Ruhe im Wald Beeren, Pilze und Kräuter sammeln konnten.
Als die kleine Gruppe bei einer Rast ein Lagerfeuer entzündete, stürzte eine der Frauen über eine Wurzel und warf dabei einen der Töpfe mit Harz um, der von den Bäumen genommen worden war.
Das Harz lief aus und eine der Fackeln, die zur Vorsicht immer mitgenommen wurden falls man nicht vor Anbruch der Dunkelheit zur Höhle zurückkehren konnte, wurde mit Baumharz verklebt.
Borel war so wütend über dieses Missgeschick der jungen Frau, dass er wutentbrannt die vermeintlich nun unbrauchbare Fackel ins Feuer warf. Noch mit der jungen Frau schimpfend, begann es nach einiger Zeit im Feuer mächtig zu knistern und zu knacken. Alle sahen sich verdutzt um und plötzlich begann die vermeintlich unbrauchbare Fackel zu brennen. Borel nahm sie aus dem Feuer und unter der dichten schwarzen Lockenmähne staunten seine Augen nicht schlecht. Brennendes Harz tropfte von der Fackel auf trockenes Unterholz und Borel kippte Wasser aus einem Gefäß darüber um den Brand zu löschen.
Doch stattdessen zischte es nur mächtig und die Fackel brannte weiter, nachdem das Wasser durch die Hitze verdunstet war.

Wieder versuchte Borel das Feuer der Fackel zu löschen, doch die Fackel brannte .... und brannte. Nicht so hell und lodernd wie andere Fackeln, aber dafür bläulich, ungewöhnlich heiß und nicht zu löschen. Erschrocken warf er die „verhexte“ Fackel in den Bach. Zischend ging sie unter – und brannte weiter. Die Fackel brannte selbst unter Wasser weiter!

Das ist ein Wunder, das sind die himmlischen Wunder, das müssen die himmlischen Wunder sein. „ Das ist ewiges Feuer“! „Das ist ewiges Feuer!“, Wir haben das ewige Feuer gefangen!“. Borel kratzte sich mit den Fingern fast wie von Sinnen das Gesicht blutig. Demütig fiel er auf die Knie und blickte zum Himmel empor.

Das Missgeschick der jungen Frau war vergeben und vergessen und die Gruppe kehrte stolz zur Gemeinschaft zurück.

Bei der Höhle angelangt begann nun Bran mit Borel zu schimpfen. Denn einige Krüge mit Wasser waren leer und die Körbe mit Pilzen und Beeren nur mäßig gefüllt. Von Kräutern ganz zu schweigen.

„Wozu haben wir Euch losgeschickt?“ „Was habt ihr den ganzen Tag gemacht?“ wetterte Bran.

Doch Borel blieb ruhig und nahm die junge Mirrha, der das „Missgeschick“ passiert war, in den Arm.

Stolz nahm er eine klebende Fackel aus einem leeren Korb und zeigte sie Bran.

Borel gab ihm nur wortlos die Fackel und forderte ihn auf, sie anzuzünden.

Bran hielt sie in ein ständig gehütetes Feuer, welches man den ganzen Tag lang brennen ließ um jederzeit Fackeln entzünden zu können und so Übergriffe wilder Tiere auf die Gemeinschaft abzuwehren.

Doch die Fackel brannte nicht.

Zornig warf Bran die Fackel fort und kam wütend auf Borel zu. Was soll das, willst Du mich zum Narren halten? Ihr solltet Nahrung sammel und nicht solchen Blödsinn veranstalten! Bran war außer sich.

Borel hielt ihn jedoch nur mit einer beruhigenden Geste zurück und hob die Fackel wieder auf.

Er legte sie ins ständig gehütete Feuer und sagte nur „Warte -- Warte einfach“!

Schon wollte Bran auf diesen Unsinn nicht weiter eingehen, als ein Raunen durch die umher stehenden Mitglieder der Gemeinschaft ging. Knacken und Knistern erregte die Aufmerksamkeit und die Fackel begann langsam zu brennen. Borel nahm sie aus dem Feuer und zeigte sie Bran. „Siehst du die seltsame Farbe? Sie ist wie die Farbe des Himmels und die Hitze ist größer als bei den anderen Fackeln. Nun sie her!

Mirrha nahm einen Krug Wasser und goss ihn darüber aus.

Doch statt zu erlöschen, zischte die Fackel nur in einer Wolke verdunstenden Wassers auf und brannte danach seelenruhig weiter.
Jetzt war auch Bran baff. Dieser ansonsten so abgebrühte Fallenbauer und Jäger, den nichts so schnell erschüttern konnte, war sprachlos.
„Das ewige Feuer"! hauchte Bran erstaunt. Und so langsam begann auch er an die „himmlischen Wunder" zu glauben. Diese kündigten sich wohl durch wundersame Dinge an.
Seit dieser Entdeckung wurden nun viele Fackeln mit Harz bestrichen. So konnte man selbst nachts in strömendem Regen ein Feuer halten und auf Jagd gehen.
Welch ein Vorteil gegenüber dem zu jagenden Wild.
Diesen Vorteil musste man sich jetzt zu Nutze machen.
Bran und die umstehenden Bewohner gingen wieder zu dem schwer Verletzten Toras.
„Tiger sind es also" murmelte Bran.
Selbst diesem alten erfahrenen Fallensteller schauderte es bei dem Gedanken, sich nun mit diesen Bestien anlegen zu müssen.
Doch es gab keine Wahl. Wollte man in Ruhe leben, dann musste diesen Bestien zu Leibe gerückt werden.
Diese Wildkatzen mit den Furcht erregenden Reißzähnen, welche aus dem Oberkiefer an Stelle der Eckzähne ragten und gebogen fast bis zum Halsansatz reichten, waren zwar recht selten geworden, seit sich das Eis vor der zunehmenden Wärme zurückzog, aber die Gefahr war immer noch groß.
Selbst die riesigen Mammuts, von denen sich die Gemeinschaft von einem vollen Mond bis zum nächsten ernähren konnte, wenn es gelang eines zu erlegen, flüchteten vor diesen blutrünstigen Säbelzahntigern.
Und nun hatten diese gefährlichen Bestien den Wald in der Nähe der Höhle heimgesucht.
Bran stellte Gruppen von Freiwilligen zusammen und teilte jeder einige schon vorbereitete Fallen und Waffen zu.
Am nächsten Morgen wollten die Gruppen diesen Biestern dann zu Leibe rücken.
So gingen an diesem kühlen Herbstabend alle früh schlafen.
Nur Bran kam wieder einmal nicht zur Ruhe. Nachdenklich schnitzte er an einigen Hölzern herum.
Ihm kam immer wieder die Sache mit dem brennenden Harz in den Sinn. Daraus müsste sich eine neue Art von Falle konstruieren, oder eine neue Waffe herstellen lassen. Bran schlief die ganze Nacht nicht. Er dachte nur noch nach.
Er tauchte einige Stricke in Harz und band damit Hölzer zusammen. Schon nach kurzer Zeit waren die mit den Stricken gebundenen Ecken des Käfigs steinhart zusammengeklebt.

„Das müsste gehen", dachte er sich. Er nahm stärkere Äste und baute einen Kasten, groß genug für einen ausgewachsenen Tiger, so hoffte er. Eine Seite ließ er offen und machte dafür nur eine Art Gitter aus starken Ästen, das er mit ein paar geflochtenen Baststricken lose am Kasten befestigte. So konnte man das Gitter einfach zuklappen lassen und die Bestie würde gefangen sein.
Dann bestrich er die Hölzer des Kastens mit dem Stoff des ewigen Feuers, das angezündet werden sollte, wenn das Tier darin gefangen war.
Bran war voller Hoffnung, damit das Problem zu lösen, ohne das jemand in Gefahr geriet.
Feuer! Das war es, wovor sich alle Tiere fürchteten. Also sollten auch diese Bestien das tun. So sollte nach Bran's Vorstellung die Falle angezündet werden und das Tier verbrennen, ohne das sich jemand dieser Bestie hätte nähern müssen.
So musste es gehen! Endlich war eine Idee da. Nun konnte auch Bran einschlafen.
Doch ihm kamen immer noch die „Himmlischen Wunder" in den Sinn, von denen seit einiger Zeit alle redeten.
Hing das etwa alles zusammen?
Waren das Geschenk des ewigen Feuers und das Verschwinden der Tiere im Wald ein Vorbote der „himmlischen Wunder"?
Waren sie doch wahr? All die Geschichten der Vorfahren?
Jetzt, wo man das ewige Feuer hatte, das in einer Farbe brannte, die wie der Himmel aussah, glaubte sogar Bran daran und langsam schlief auch er ein.

********

„Nein, Nein, Nein! ... du darfst das Eis nicht treffen!" Bran schrie im Schlaf und schlug wild um sich.
„Der Stein---- er darf das Eis nicht treffen", Bran schlug erneut um sich, um im Traum einen großen Stein von einem treibenden Eisklumpen fernzuhalten. Borel, der Bran wecken wollte, musste ausweichen um nicht getroffen zu werden.
„Wach auf Bran", schrie Mirrha und rüttelte den im Schlaf wild um sich schlagenden.
Nass vor Schweiß schreckte Bran hoch.
„Borel, Mirrha.. was ist los"? Bran wusste im ersten Moment nicht wo er war.
„Es..es..-- es gibt keine himmlischen Wunder" stammelte Bran. „Sie werden nicht kommen".
„Der Stein hat das Eis getroffen"!

„Nun beruhige Dich doch!" Mirrha und Borel hatten Mühe, den schweißgebadeten Bran in die Wirklichkeit zu holen.
„Sie werden nicht kommen!", wiederholte Bran.
„Die himmlischen Wunder –sie werden nicht kommen. Der Stein hat sie zerstört".
Alle sahen sich ratlos an. Nur Bran war sich sicher.
„Ich habe es gesehen". „Ihr müsst mir glauben". „Es war dunkel, einfach nur dunkel. Dunkle unendliche Leere".
„Und dann kam der große Stein. Er hat das Eis getroffen. Darum werden die himmlischen Wunder nicht kommen"!
„Bran, was redest du für wirres Zeug, beruhige Dich"! flehte Mirrha ihn an.
Doch Bran konnte sich nicht beruhigen. Er sprang auf und weckte die anderen.
Wenn schon die himmlischen Wunder nicht kamen, um zu helfen, so musste wenigstens die Gefahr der Tiger gebannt werden. Nach diesem Traum war Bran nicht mehr zu halten.
Am Morgen trafen sich die Männer, kaum das es hell geworden war, zur erneuten Jagd.
Bran und Borel trugen die mächtige Falle, die Bran noch in der Nacht gebaut hatte bevor er diesen seltsamen Traum hatte.
Auch Toras stand bereit. Seine Wunden hatten sich als stark blutend und schmerzhaft, aber ungefährlich herausgestellt. Er hatte einige Verbände aus Bast und Blättern bekommen, die ganze Nacht Kräuter essen und ein ekelhaftes Gebräu nach dem anderen trinken müssen.
Aber er war wieder auf den Beinen und ließ es sich nicht nehmen, an der Jagd teilzunehmen.
Vor der Höhle wurden die Vorratslager mit fächerartig gebundenen Lanzen und Speeren gesichert. Gräben wurden ausgehoben und mit brennbaren Flüssigkeiten gefüllt.
Würden die Bestien hier auftauchen, so würde man sie mit Feuer, Keulen und Speeren empfangen.
Alle Bewohner der Gemeinschaft erhielten einen Vorrat an Fackeln und Speeren.
Sogar das ewige Feuer wurde allgemein verteilt, um die Gemeinschaft zu schützen.
Schließlich musste man damit rechnen, dass die Bestien die Gemeinschaft heimsuchten während die Gruppen auf der Jagd nach ihnen waren.
So war man auf alles vorbereitet. Sogar die Kinder trotzten mit zornigem Gesicht der Gefahr.
Obwohl es für die Jungen eher ein abenteuerliches Spiel zu sein schien. Aber sie zeigten sich mit großen Keulen in den Händen als mutige Beschützer der Gemeinschaft.

Ohne etwas gegessen zu haben machten sich die Männer auf den Weg in den Wald zu dem Ort, den Toras angegeben hatte. Hinter einer kleinen Lichtung war seine Gruppe von den Tigern angegriffen worden. Im Nu waren alle versprengt gewesen. Toras wurde von einem der Tiere zu Boden gerissen und schwer verletzt. Er hatte sich nur dank eines herumliegenden Astes wehren können. Im Liegen konnte er den Ast greifen und damit um sich schlagen. Der Tiger wurde stark am Kopf getroffen und blieb einen Moment benommen liegen. Das war Toras' Rettung. Er sprang über einen Bach und rannte ins Dickicht des Unterholzes. Dorthin hatte der Tiger ihn nicht verfolgt.
Und genau hier an dieser Stelle, an der Lichtung hinter dem Bach, der in den See mündete, stellten die Männer auch ihre ersten Fallen auf. Zwar waren im Wald einige seltsame Geräusche zu hören, doch gab vor lauter Jagdeifer, die Bestien erledigen zu wollen, keiner etwas darauf.
Einige der Jungen banden Stricke zu Schlingen und verdeckten diese mit Laub, als plötzlich einer der Jungen laut auf schrie.
Sofort eilte die Gruppe zusammen, um zu helfen und zu beschützen. Der Junge hatte im Unterholz eine dieser Bestien gesehen. Sofort umringten ihn alle.
Die Gefahr schien allerdings gebannt zu sein, denn das Tier lag tot im Unterholz. Nur ein kleines verbranntes Loch an seinem Hals war zu sehen. Es rauchte sogar noch etwas. Das verstand zwar niemand so recht, aber anscheinend gab es im Wald jemanden, der den gefürchteten Bestien trotzen konnte.
Den toten Säbelzahntiger einfach liegen lassend machte man sich weiter an das Fallen aufbauen.
Es war bestimmt nicht das einzige Tier. Die Gefahr war bestimmt noch nicht gebannt.
Diese fürchterlichen Säbelzahntiger jagten in Rudeln, das wussten Bran und seine Leute, als sie vor einigen Vollmonden einmal beobachteten, wie ein riesiges Mammut von einer ganzen Gruppe solcher Tiger erledigt wurde.
Also ging man sofort wieder ans Fallen aufstellen.
Die Jungen bogen die Äste junger Bäume herunter und zurrten sie mit geflochtenen Bastseilen fest. Sollte der Tiger in die Schlinge laufen, würden die Seile gelöst. Die Bäume schnellten zurück und die Bestie würde in die Luft geschleudert und gefangen werden, so dachte man es sich.
Bran und Borel schleppten den großen Kasten, den Bran in der Nacht gebaut hatte zu der Lichtung und legten einen mitgebrachten Köder hinein.
Toras, am Rande der Lichtung mit einem widerspenstigen Baum kämpfend, rief seinen Bruder Borel um Hilfe als sich eine Schlinge

wieder gelöst hatte und der Baum in die Höhe schnellte. Allein war das nicht zu bewerkstelligen. Außerdem machten Toras noch die Wunden des vergangenen Ausflugs zu schaffen. Er gab sich aber größte Mühe, sich nichts anmerken zu lassen.

********

Währenddessen die Gruppe im Wald ihre Fallen aufstellte, gerieten die Bewohner vor der Höhle am Waldrand in helle Aufregung.
Viele liefen verängstigt hin und her, andere warfen sich schützend zu Boden und alle zeigten immer wieder zum Himmel.
Am blauen Himmel waren viele seltsame weiße Streifen zu sehen. Silberne Punkte bewegten sich langsam am Himmel entlang und zogen diese Streifen hinterher.
„Was ist das? Was passiert dort? Sind das Wolkenmacher“? fragten einige verängstigt.
„Fallen die Sterne herunter“? „Sind das die himmlischen Wunder?“
Die Bewohner waren verängstigt und entzückt gleichermaßen.
In dunklen Nächten waren gelegentlich die Spuren fallender Sterne zu sehen, aber die flogen sehr schnell, das hier war etwas anderes.
Und bisher hatte man diese Leuchtspuren am Himmel immer nur nachts beobachtet.
Es war das erste Mal, das man so etwas am hellerlichten Tage sah.
Niemand wusste, was dort am Himmel vor sich ging.
In einiger Ferne sah es so aus, als würde eines dieser schwebenden Dinger langsam zu Boden sinken.

Auf der Lichtung im Wald hantierte Bran nun allein weiter an seiner Falle, da Borel seinem Bruder Toras half und die anderen Jungen mit ihren Bäumen und Fallen im Wald zu tun hatten.
Er hatte gerade die Klappe des Kastens mit ein paar Seilen befestigt, welche zufallen sollte, wenn der Tiger sich über den Köder hermachte, als er hinter sich im Gehölz etwas knacken hörte.
Erschrocken drehte er sich um, denn er vermutete schon einen Tiger hinter sich. Doch was der alte, erfahrene Bran dort am Waldrand sah, ließ ihm das Blut in den Adern gefrieren.
Nein, das war kein Tiger, was da stand. Das war etwas anderes.
Dort stand neben einem Baum eine silberglänzende Gestalt. Am Boden lag eine weitere. Der Kopf sah aus wie eine Kugel und wo eigentlich das Gesicht sein sollte, war nur eine schwarze glänzende Maske aus der zwei Schläuche ragten. Nie und nimmer waren das irgendwelche Tiere aus dem Wald.

Bran ergriff zwei Speere und wollte schon zum Wurf ansetzen. Doch seine Muskeln inklusive seinem Verstand versagten ihm jeden Dienst. Er konnte sich vor Schreck kaum mehr rühren.
„Die Boten der himmlischen Wunder. Ich darf nicht werfen“, waren Bran's Gedanken. Aber die Wunder kommen nicht – der Stein hat das Eis getroffen und die Wunder zerstört. Bran stammelte seine Gedanken irrsinnig vor sich hin.
Toras und Borel hatten am anderen Ende der Lichtung mit ihren Fallen zu tun und bekamen das Geschehen zunächst gar nicht mit.
Bran starrte, die Speere hoch in den Händen haltend, zu den seltsamen Gestalten am Waldrand.
Etwas weiter dahinter sah er eine weitere zwischen den Bäumen herankommen und der am Boden liegenden aufhelfen.
Da durchbrach urplötzlich ein Furcht erregendes Brüllen und Fauchen die Situation. Aus dem Augenwinkel sah Bran unvermittelt einen dieser Tiger auf sich zustürmen.
Starr vor Entsetzen konnte er sich nicht mehr bewegen. Das ist also das Ende.
Erst jetzt sahen auch Toras und Borel am anderen Ende der Lichtung, was geschah.
Toras stürzte mit zwei Speeren bewaffnet auf Bran zu und wollte dem Tiger den Weg abschneiden.
Die seltsamen Gestalten am Waldrand bemerkte er dabei gar nicht.
Bran war unfähig überhaupt zu reagieren. Er sah den Tiger und den anrennenden Toras und diese seltsamen Wesen. Selbst wenn er gewusst hätte was er tun sollte, er hätte sich nicht rühren können vor Angst.
Toras gelang es, dem anstürmenden Tier einen seiner Speere in die Seite zu rammen.
Wütend vor Schmerz stürzte sich das Tier auf Toras und verpasste diesem mit der Pranke einen derartigen Hieb, das Toras mit einer klaffenden Wunde am Hals reglos liegen blieb.
Der Tiger stürmte erneut auf Bran zu, hatte ihn fast erreicht und setzte schon zum Sprung an, als von einer der silbernen Gestalten am Waldrand ein Lichtblitz ausging.
Das Tier, in vollem Lauf getroffen, überschlug sich mehrmals und blieb unmittelbar vor Bran reglos liegen.
Am Hals des Tieres war nur ein kleines verbranntes Loch, welches leicht rauchte. Genauso eins, wie man es bei dem toten Tier gesehen hatte, das vorhin im Wald lag.
Borel am anderen Ende der Lichtung wagte sich nicht zu rühren und sah alles aus der Entfernung mit an.
Die silbernen Gestalten kamen vom Waldrand heran gelaufen.

Eines dieser seltsamen Wesen beugte sich über den verletzten Toras, dem das Blut aus der aufgerissenen Halsschlagader nur so herausspritzte.
Die andere Gestalt kam auf Bran zu.
„Nur nicht bewegen, jetzt nur nicht bewegen" dachte Bran. Sonst würde dieses Wesen noch einen Lichtblitz machen und dann würde auch Bran mit verbranntem Hals liegen bleiben.
„Nein, nur nicht bewegen" war sein einziger Gedanke.
Seine Glieder waren allerdings ohnehin steif und starr vor Schreck und Entsetzen. Selbst wenn er gewollt hätte, er konnte sich nicht bewegen.
Zitternd vor Angst sah Bran, wie das andere Wesen einen kleinen Koffer von der Hüfte nahm, der nach dem Öffnen leise zu summen begann.
Dem vor Schmerz stöhnenden Toras wurde ein Röhrchen mit einer dunklen Flüssigkeit an den Arm gehalten. Mit einem leichten Klicken verschwand die Flüssigkeit in Toras' Arm, der darauf sichtlich ruhiger wurde.
„Waffen! Ich habe Waffen!" dachte Bran. „Die himmlischen Wunder". „Sie kommen nicht". „Der Stein hat das Eis getroffen". „Der Traum". „Diese Wesen". „Keine Boten der himmlischen Wunder". „Waffen, ich habe Waffen".
„Die Tiger" – „Der Lichtblitz". „Das rauchende Loch am Hals". „Keine Wunder".
Bran drehte durch. Er hielt seine beiden Speere nach wie vor hoch über dem Kopf fest umklammert. Doch was sollte er damit tun, wenn er sich nicht rühren konnte. Er zitterte nur vor Angst und Entsetzen.

Eins der Silberwesen hatte einen kleinen Stab mit ein paar Drähten daran dem Koffer entnommen und dem nur noch röchelnden Toras an die klaffende Wunde gehalten.
Dieses seltsame silberne Wesen hantierte kurz an dem geöffneten Koffer, ein blaues Licht erstrahlte an dem Stab und wurde mehrmals über Toras' Wunde hin und her geführt.
woraufhin das Blut zu trocknen begann. Ein weißes Röllchen wurde dem Verletzten auf die Wunde gelegt und das seltsame Wesen führte das blaue Licht des Stabes erneut über der Wunde hin und her. Nun begann sich Wunde endgültig zu schließen
Als die andere Gestalt direkt auf Bran zukam und ihm seine beiden Speere aus den Händen nahm, die er immer noch hoch über den Kopf umkrampft hielt, wurde Bran schwarz vor Augen. Er kippte einfach um.
Borel hatte das Szenario vom anderen Ende der Lichtung beobachtet.
Das dritte dieser Silberwesen kam nun auch noch hinzu und gestikulierte scheinbar wütend. Es hatte den Anschein, als würden die anderen beiden ziemlich eingeschüchtert klein beigeben.

Auf der anderen Seite der Lichtung traute sich Borel ebenso wenig aus seiner Deckung, wie Bran sich zu rühren gewagt hatte.
Eins dieser seltsamen Wesen hob seinen Bruder auf und die Gestalten verschwanden, den ohnmächtigen Bran liegen lassend, im Wald.
Erst als sich die ganze Szenerie beruhigt hatte, traute er sich auf die andere Seite der Lichtung zu seinem Kameraden, der reglos am Boden lag.
Er nahm Bran in den Arm und rüttelte ihn.
Langsam kam Bran wieder zu sich.
Völlig verstört trommelte man die anderen zusammen, die das Ganze nicht mitbekommen hatten.
Borel musste den völlig verstörten Bran stützten, damit der nicht wieder abklappte.
Zwei der anderen holten einen starken Ast und banden den Tiger an den Pranken daran fest.
Kopfüber hing das tote Tier an dem Ast, den zwei aus der Gruppe geschultert hatten.
Als die Bewohner die Gruppe zurückkommen sahen, waren alle außer sich vor Freude.
Man hatte befürchtet, die seltsamen weißen Streifen am Himmel könnten ihnen etwas angetan haben.
Vor der Höhle wurde der tote Tiger fallengelassen.
Jeder konnte nun das verbrannte Loch am Hals des Tieres sehen.
„Wo ist Toras“? wollte Mirrha wissen.
Bran wussten nicht so Recht, was er nun erzählen sollte.
Würde ihm überhaupt jemand glauben?
Aber dieses Dilemma wurde ihm abgenommen, denn es waren die Dorfbewohner, die zu erzählen begannen, was während ihrer Abwesenheit geschehen war.
Bran gestand, diese seltsamen Streifen am Himmel nicht gesehen zu haben.
Alle aus der Gruppe hatte nicht darauf geachtet, was am Himmel vor sich ging.
Zu sehr war man mit dem Aufbau der Fallen und dem Geschehen auf der Lichtung beschäftigt.

Plötzlich warfen sich die Dorfbewohner zu Boden und hielten sich die Hände vors Gesicht.
Ohrenbetäubendes Donnern und Fauchen zerriß die Stille und kam schnell kam näher.
Über dem Wald kam eines dieser Dinger vom Himmel angeflogen und blieb am Rand des Waldes in der Luft stehen. Nur Bran und Borel erhoben zaghaft die Köpfe und trauten ihren Augen kaum.

Dieses komische Ding „stand“ auf vier „Beinen“ flimmernder Luft hoch über dem Wald und hielt die Flügel ruhig zur Seite. Dennoch fiel es nicht herunter. „Was ist das für ein Vogel“? „Bleib unten und beweg Dich nicht“ flüsterte Bran.
Doch Borel musste an seinen Bruder denken, der von seltsamen Wesen in silberweißen Gewändern weggetragen wurde. Er ergriff einen Speer und wollte diesen schon gegen dieses fauchende Ding schleudern. Bran sprang auf und hielt ihn zurück.
Das ohrenbetäubende Getöse dieses seltsamen metallglänzenden Vogels wurde leiser, er senkte sich sanft auf die Erde herab und öffnete seinen Kopf.
Ein silbernes Wesen mit einer schwarzen runden Maske anstelle eines Gesichtes stieg hinaus.
Auch der Bauch dieses Vogels öffnete sich aus dem zwei weitere „Silberwesen“ den reglosen Toras herbeitrugen.
Diese silbernen Wesen mit den Schläuchen an den Masken legten Toras sanft nieder, breiteten mit einer scheinbar entschuldigenden Geste die Arme auseinander und verschwanden wieder im Bauch dieses seltsamen Vogels. Nur eine dieser silbernen gestalten blieb noch kurz stehen.
Bran ging auf diese Gestalt zu und nahm all seinen Mut zusammen. „Seid ihr gekommen, um die „himmlischen Wunder“ zu machen“? fragte er mit vor Angst zitternder Stimme.
Es schien, als würde dieses Silberwesen den Kopf schütteln.
Stattdessen zeigte es nur kurz, aber bestimmt auf seltsame Zeichen, die an der Brust des silbernen Gewandes zu sehen waren. Dann wandte sich die Gestalt ebenfalls wieder dem Vogel zu, bestieg dessen Kopf und schloss ihn.
Aus einem langsam schriller werdenden Pfeifen wurde donnerndes Fauchen. Vier Lichter leuchteten auf und eine gewaltige Staubwolke wurde aufgeschleudert, als das Donnern der unsichtbaren, flimmernden Beine wieder einsetzte, welche diesen Donnervogel in die Luft emporhoben.
Die Flügel immer noch ruhig zur Seite haltend, schwebte dieser seltsame Vogel immer höher und nur vier Lichter unter dem Vogel machten die unsichtbaren Beine flimmernder Luft. Dann neigten sich die flimmernden Luftstrahlen nach hinten, der Vogel beschleunigte seinen Flug und verschwand über dem Wald.
Noch lange standen die Bewohner der Gemeinschaft am Rande des Waldes schweigend herum.
Borel lief zu seinem Bruder. Toras war tot.
Borel sah seinen Bruder an und ergriff voller Zorn einen Speer, aber Bran hielt ihn zurück.

„Wir haben keine Chance!“ sagte er. Diese Wesen können nur mit einem Lichtblitz aus großer Entfernung töten, oder nur mit einem kleinen blauen Licht Wunden heilen. Sie leben auf Donnervögeln im Himmel, wir haben keine Chance, Borel“!
Auch Mirrha kam und sah den toten Toras an.
„Sie töten die gefährlichen Bestienaus großer Entfernung, aber Toras haben sie aus nächster Nähe nicht helfen können?“ fragte sie ungläubig. Also wird es wohl doch keine „himmlischen Wunder“ geben. „Wenn sie Toras nicht helfen konnten, dann können sie auch keine anderen Wunder machen. Du hattest Recht mit Deinem Traum, Bran“ sagte sie traurig und wandte sich ab.
Auch Borel sah Bran fragend an. „Wer waren diese Wesen? Und was wollten sie hier?“
„Haben sie uns vor den Tigern beschützt“?
„Ich weiß es nicht“, gab Bran zu und blickte nachdenklich in Richtung des Waldes, über dem der seltsame Vogel mit den noch seltsameren Wesen darin verschwunden war.
Noch lange blickte Bran zum Himmel empor, als würde er dort etwas suchen.
Und wieder wurde er das unbestimmte Gefühl nicht los, beobachtet zu werden.

**************

Das schrille Pfeifen der Strahlturbinen ging in donnerndes Fauchen über und das Shuttle erhob sich über den Wald. Langsam, eine immer größer werdende Spirale fliegend, schwebte es dem Himmel von Indra entgegen. Der Pilot sah noch auf die zurückbleibenden am Boden hinunter. Beinahe sah es so aus, als würde sich der Blick des Shuttlepiloten mit dem des alten Anführers der kleinen Gruppe am Waldrand kreuzen.
Der Pilot seufzte tief und gab dann die Koordinaten der Flotte in den Bordcomputer, schaltete den Autopiloten ein lehnte sich zurück in den bequemen Sessel.
Wehmütig dachte er an die Zeit zurück, als alles begonnen hatte.

***************

## Die Übung

Fasziniert stand Ajunas in der Beo bachtungslounge. Er hatte lange nicht mehr so gebannt auf den kleinen blauen Punkt in der Ferne geschaut wie jetzt, kurz vor dem Abschied.
In Kürze sollte auch er mit der „Beydra“ als Vorauskommando zur fernen Welt starten.
Gedankenversunken starrte er in die Leere des Raumes und im sanften Licht der Aussichtslounge spiegelte sich kaum sichtbar die Silhouette im Panzerglas der Fenster.
Hinter ihm kamen Schritte näher, doch Ajunas reagierte nicht darauf.
Erst als ihm jemand den Arm auf die Schulter legte, zuckte er zusammen.
General Rhydon war gekommen.
Ajunas wandte sich um und salutierte dem General.
Betont zackig, als wollte er den ganzen Schwachsinn militärischen Gehabes unterstreichen, knallte er die Hacken zusammen und schnellte die Hand an die Stirn, das es nur so pfiff.
„Ahhh.. Scheiße, tut das weh“ fluchte Ajunas. Er hatte bei seiner versuchten Satire den Daumen ins Auge bekommen.
„Nur die Ruhe“ besänftige Rhydon.
„Das Militär war schon immer zu blöd sich normal zu benehmen“ gab der General zu und reichte Ajunas ein Taschentuch für das tränende Auge.
„Bald geht es los, nicht wahr“? Ajunas war bedrückt.
Er hasste Abschiede. Erst recht, wenn sie für immer waren.

„Sie sieht schön aus, die blaue Indra dort draußen, nicht wahr?“
„Ja“, sagte Ajunas. „Wieso können wir nicht dort siedeln“?
„Das weißt du genau“. Rhydon ahnte die rhetorische, aber dennoch provozierende Frage seines Piloten.
„Aber keine Panik, wir werden es probieren“, gab der General lächelnd zurück.
„Wie“? Ajunas war erstaunt.
„Ja“, wir werden dort landen. Aber nur probehalber. Dafür aber so oft und solange, bis alles sitzt.
Bevor wir mit der „Beydra“ das Vorauskommando zur fernen Welt losschicken, muss alles perfekt klappen.
Auf der fernen Welt können wir uns keine Fehler erlauben. Wenn wir nicht alles richtig machen wird unser Volk, das mit der Hauptflotte nachkommt, nichts zum Leben und Überleben vorfinden.
„Ich weiß“, sagte Ajunas, denn das war auch ihm klar.
Was für einen Wahnsinn haben wir uns da nur vorgenommen, ging es ihm durch den Kopf.

„Wenn es eine Alternative gäbe, -- glaube mir – ich würde sie vorziehen“ versicherte Rhydon.
„Aber auf der blauen Indra, so vereist sie auch ist, gibt es ebenfalls Leben. Dort dürfen wir nicht siedeln. Und die anderen Planeten eignen sich nicht, sogar der kleine grüne Parun wird durch die Katastrophe unbewohnbar. Die Wissenschaftler haben doch alle erdenklichen Szenarien durchgespielt. Wir haben keine Wahl“!
„Ich weiß es doch“, erwiderte Ajunas enttäuscht.
„Du solltest Dich langsam vorbereiten, ich habe die Übung für nächste Woche anberaumt“. Rhydon sah Ajunas mit ernster Mine an und verließ den Raum.
„Und das alles nur wegen einem dämlichen Zusammenstoß“. Ajunas kamen fast die Tränen.
Immer wieder musste er über diese katastrophale Meldung von damals nachdenken.

Eigentlich hatte es ein so wunderschöner Tag werden sollen. Es war die Zeit, als man sich langsam wieder auf die „himmlischen Wunder“ freute. Bald würde wieder dieser riesige Komet in die Nähe der Sonne kommen. Und wenn die Sonne den Schweif „entzündete“, würde sich dieser in den prächtigsten Farben über das halbe System ausbreiten.
Der halbe Nachthimmel würde dann vom bunt schillernden Schweif des Kometen beherrscht werden.
Es war eine Zeit der Freude, Feierlichkeiten und Feste, bis der Komet nach einigen Wochen auf seiner gewaltigen Ellipsenbahn um das Zentralgestirn wieder für die nächsten Jahrhunderte in den Weiten des Alls verschwand.
Ajunas war unterwegs zum Observatorium des Instituts für Weltraumforschung. Dort wollte er seine Soreeya abholen und mit ihr dann zum Hochplateau in den nahe gelegenen Bergen fahren. Er hatte sich dort eine besondere Überraschung für seine Liebste ausgedacht.
So bemerkte er nicht das hektische Treiben im Observatorium. Das musste wohl so sein, sagte er sich und war froh, nicht in diesem Gewimmel von Hektikern arbeiten zu müssen.
Aber sein Job als Militärpilot der planetaren Verteidigung war nicht minder hektisch.
Der gewaltige rote Gasriese als äußerer Nachbarplanet von Ajunas' Heimatwelt, zog durch seine Gravitation ziemlich große Brocken von Meteoriten und Kometen an, die der Heimatwelt ziemlich häufig bedrohlich nahe kamen. So mussten die Alarmstaffeln oft von den drei die Heimatwelt umkreisenden stellaren Trägerschiffen aufsteigen, um die Gefahren zu beseitigen.

Doch dafür hatte er im Moment keinen Gedanken über. Er wollte ins Observatorium des Instituts für Weltraumforschung. Dort arbeitete seine Soreeya als Astronomin.
Auch sah Ajunas nicht, das einige weinten. Er freute sich nur auf seine Liebste.

Soreeya war wie immer an den Bildsystemen des Observatoriums beschäftigt, als die Rechnerparks, welche die eingehenden Datenmengen auswerteten, Alarm schlugen.
Wieder lief der automatisierte Standartprozess ab.
Die Datenauswertung meldete einen auf „bedrohlichem Kurs" befindlichen Himmelskörper.
Soreeya und ihre Mitarbeiter richteten die vorgeschobenen Weltraumteleskope auf die angegebenen Koordinaten aus. Die drei gigantischen Trägerschiffe der planetaren Verteidigung, welche die Heimatwelt umkreisten, wurden alarmiert, und die Alarmstaffeln kleiner, schwer bewaffneter, fast lichtschneller wendiger Jets starteten, um die Gefahr eines Kometen- oder Meteoriteneinschlages auf der Heimatwelt zu beseitigen.
Es war immer dieselbe Prozedur… bis heute!
Auch heute wurden die automatischen Sonden der Raumüberwachung ausgerichtet, die Teleskope zu den berechneten Koordinaten gedreht. Doch welche Daten man auch immer auswertete, die Katastrophe war offensichtlich. Blankes Entsetzen ließ die Mienen der an den Bildsystemen arbeitenden zu Eis erstarren.
„Was in aller Welt willst Du schon hier, du bist erst in ein paar Umläufen dran!" flüsterte Soreeya mehr zu sich selbst, als das sie es ihren Mitarbeitern mitteilen wollte. Doch auch ihre Kollegen sahen die Daten. Wieder und wieder wurden darauf hin die Daten analysiert, verglichen, neue von den Systemen angefordert, wieder verglichen, nachgerechnet, neu gerechnet, auf Fehler geprüft, das Ergebnis immer noch nicht geglaubt und wieder nachgerechnet. Und doch es gab immer nur ein Ergebnis. Niemand wollte so recht wahrhaben, was die Daten meldeten. Voller Entsetzen sank Soreeya in den Stuhl zurück und starrte mit leeren Augen auf die Monitore.

Ajunas war inzwischen im Institut für Weltraumforschung angelangt und hatte sich mit seinem Pilotenausweis der stellaren Verteidigung bis zu Soreeya's Abteilung durchgekämpft. Doch statt sich über ihn zu freuen, blickte er in eine unheildrohend finstere Miene
„Hey, was ist?" fragte er erstaunt, als er in das weinende Gesicht Soreeya's sah.
„Volltreffer"! flüsterte sie nur leise und sank ihm in die Arme. Ajunas runzelte die Stirn.

Was heißt Voll..... doch dann wusste er was sie sagte.
Sein Blick fiel auf die Datenanalyse.
Der Komet kam. Das wussten alle. Doch er kam zu früh. Und er kam auf einer Unheil bringend falschen Bahn. Er musste irgendwo in den Weiten des Alls einen Zusammenstoß mit einem anderen Körper gehabt haben.
„Das war's dann also"! Soreeya rannen die Tränen nur so herunter.
Der Komet war fast so groß wie Parun, der innere Nachbarplanet der Heimatwelt und wurde deshalb auch Jurun, der Zwilling, genannt.
Und nun kam dieser Riese mit einem fünftel Verlust seiner Masse und auf einem Kurs, der unweigerlich den Untergang der Heimatwelt bedeutete. Kollisionskurs!
Diesen Koloss konnte niemand zerstören. Zwar hatten die Astronomen immer eine solche Möglichkeit vermutet, deren Eintreffen aber mit einer Wahrscheinlichkeit von eins zu einer Billion angegeben.
Auf einen solchen Zufall, wie eine Kollision des Kometen mit einem schweren Eisenmeteoriten irgendwo in den Weiten des Alls war niemand gekommen.
Nun gab es keine Zeit der „himmlischen Wunder" mehr. Statt der Wunder kam die Katastrophe.

„Du stierst noch mal ein Loch ins Fenster", knurrte hinter ihm eine Stimme. Grodan, der Arzt war gekommen, mit Soreeya im Arm. Durch einen sanften Kuss holte Soreeya ihren Liebsten in die Realität zurück.
„Bald geht's los" stellte Grodan fest. Ich weiß. „Hat Dir Rhydon schon was Genaueres gesagt?" wollte Ajunas wissen.
„Nein". Nur, das wir neben den Technikern noch einen Biologen dazubekommen.
„Es werden Teams gebildet, die in Staffeln zu je vier Shuttles agieren sollen. Mehr weiß ich auch noch nicht".
Nun gut, dann lasst uns mal den Biologen suchen.
„Wieso suchen"? fragte Grodan. Der frisst sich bestimmt wieder im Casino durch.
Die drei gingen zur automatischen Schnellbahn, welche die einzelnen Sektionen der Raumstation verband. Als sich die Tür öffnete, machte Grodan eine einladende Handbewegung und ließ Soreeya den Vortritt.
„Oh, welch ein Kavalier" piepste sie entzückt.
„Alter geht vor Schönheit"! gab Grodan zu Protokoll. Soreeya war über diese prompte Antwort so perplex, das sie prompt den Tritt verfehlte.
Ajunas konnte sie nur im letzten Moment halten, damit sie nicht stürzte.
Tief Luft holend richtete sich Soreeya auf und betrat nun extra betont würdevoll die Schnellbahnkabine. „Wie Du Dein Alter lebend erreichen konntest, ist mir ein Rätsel", fauchte Ajunas den Arzt an. Doch der zwinkerte nur belustigt.

Wie vermutet trafen sie Taelon, den Biologen, im Casino bei einem gepflegten Mahl.
Ajunas war sprachlos über diesen Biologen.
Noch nie hatte er eine so unübersehbar Symbiose aus optischer Erscheinung und kulinarischer Genusslaune gesehen.
„Wenn der so weiter frisst, brauchen wir stärkere Triebwerke, damit wir überhaupt abheben", raunte Grodan dem Piloten ins Ohr.
Soreeya wählte einen freien Tisch und nahm ihn Beschlag. Ajunas stellte sich dem Biologen vor, der dabei nicht die geringste Andeutung machte sich in seinem Mahl stören zu lassen. Er bat ihn, doch mit an dem anderen Tisch Platz zunehmen, während Grodan die Angebotskarte am Tresen studierte.
„Ach, sagen Sie, wie lange dauert denn die Minutenterrine"? fragte er höflich die Bedienung.
„Die geht schnell, dauert nur ein paar Minuten, deswegen heißt sie ja Minutenterrine", gab die Bedienung sichtlich genervt zur Antwort. Was hätte sie auf die Frage auch anderes antworten sollen?
„Dann nehm' ich die Tagessuppe lieber nicht, wer weiß wann ich die bekomme"! knurrte Grodan siegesbewusst.
Wortlos ließ er die Bedienung hinterm Tresen stehen und ging zu den anderen.

Die vier verbrachten noch den Abend zusammen, als über den Stationsfunk Rhydon's Stimme zu hören war.
Alle an der Landeübung beteiligten sollten sich am nächsten Tag zur Besprechung auf der „Whark" einfinden.
Die „Whark" war eines der drei gigantischen Trägerschiffe, die im Orbit um die Heimatwelt kreisten und der Abschirmung gegen kosmische Gefahren dienten. Sie wurde nun abgezogen und zur Landeübung auf der blauen Indra bestimmt.
Also geht es los.
Schweigend standen die vier auf und verabschiedeten sich.
Nur Ajunas und Soreeya gingen noch Hand in Hand die langen Gänge der Station entlang.
Auch sie mussten sich nun bald verabschieden.
„Heute sind wir und das Observatorium auf die „Rhim" verlegt worden", sagte Soreeya leise.
Traurig sah sie ihm in die Augen.
Ach Ajunas, wie gerne.....!" „Schhhht, sag nichts... sanft drückte er seine Lippen auf die ihren.
„Es ist ja nicht für immer. Wir sehen uns wieder, wenn Du mit der Flotte nachkommst!

Bis dahin werde ich auf der fernen Welt ein Heim für uns bereitet haben, von dem Du nur träumst. Und die Zeit wird wie im Fluge vergehen, denn wir haben alle unsere Aufgaben.
Nur, wenn wir sie nicht Bestens erfüllen, werden wir keine Zukunft haben".
„Wenn doch bloß dieser blöde Meteorit da draußen im All nicht unseren „Jurun" getroffen hätte"!
„Ich weiß, aber glaub mir Soreeya, es wird wieder gut. Gott würfelt zwar nicht, aber manchmal wirft er halt mit Steinen und überlässt es uns, was wir draus machen!"
Und wir werden etwas daraus machen!
Schweigend, aber umso inniger, umarmten sie sich.

Am nächsten Morgen, kaum das sich die Heimatwelt vor der grandiosen Silhouette des äußeren Gasriesen mit dem großen roten Fleck auf der Südhemisphäre vorüberschob, wendete die „Whark" ihren Bug gen Zentralgestirn. Die Transporter und Shuttles hatten sich auf ihr eingefunden, während die ansonsten auf ihr stationierten Jagdstaffeln auf die Planetenoberfläche umquartiert worden waren. Die Landeübung begann!
General Rhydon trat vor die Beteiligten und hielt eine ergreifende Rede. Eigentlich war zwar jedem klar, was man sich vorgenommen hatte.
Die Evakuierung eines ganzen Volkes. Doch er unterstrich noch einmal in aller Deutlichkeit die Notwendigkeit dieser Übung. Wenn das Vorauskommando mit der „Beydra" in der fernen Welt angekommen war, musste alles sitzen. Es war ein Unterfangen, für das es kein Zurück gab.
„Wenn die Flotte in der fernen Welt eintrifft, ist unsere Heimatwelt bereits zerstört. Wenn wir in dieser schwierigen Situation mit dem Vorauskommando nicht die Ankunft einer ganzen Flotte vorbereiten, sitzt unser ganzes Volk zwischen zwei Stühlen. Zurück geht es nicht mehr und landen können sie dann auch nicht.
Die mitgeführten Vorräte und Treibstoffreserven werden bei der Ankunft in der fernen Welt weitestgehend verbraucht sein. Deswegen muss unser Vorauskommando wichtigste Vorbereitungen treffen, damit bei Eintreffen der Hauptflotte in der fernen Welt sofort die Bereitstellung von Material, Nahrung und Unterkunft, Energie und Treibstoff gesichert ist".
„Wir landen dort auf einer unbekannten Welt, die wir uns erst einrichten müssen. Aus diesem Grund werden wir die Landeübung nicht auf unserer Heimatwelt, sondern auf der blauen Indra vornehmen". „Sie entspricht mit ihren klimatischen und Größenverhältnissen in etwa der fernen Welt, zu der wir umsiedeln werden".
„Deswegen werden bei den Teams auch die Ärzte und Biologen dabei sein".

Es ist zwingend notwendig, sofortige bakteriologische Untersuchungen und Vorbeugung eventueller Krankheiten vorzunehmen.
Rhydon betonte in seiner Rede daher einmal mehr die Notwendigkeit dieser Übung.
Geschäftiges Treiben herrschte nun auf der Whark.
Die Ingenieure und Piloten überprüften die Shuttles und Transporter. Ärzte und Biologen bereiteten sich auf alle nur denkbaren Möglichkeiten einer Infektion durch unbekannte Viren oder Sporen einer fremden Welt vor. Die Labore wurden ausgerüstet und die Techniker verluden ihre Anlagen in die Transporter.
Ajunas' Team mit dem Arzt Grodan und dem Biologen Taelon war gleich bei der ersten Landestaffel dabei. Sie waren die ersten, welche die ausgearbeiteten Pläne einer Landung und Besiedelung einer fernen, fremden Welt in die Tat umsetzen sollten.
Rhydon betonte noch einmal, das es auf der blauen Indra schon Leben gab. Nicht sehr entwickelt, da der Planet zum Großteil vereist ist. Aber tierisches und pflanzliches Leben, sowie auf niederer Kulturstufe stehende Primaten gab es dort. Gegen die Bakterien der Atmosphäre dieses blauen Planeten hatte man Impfseren parat, seit Forschungssonden ihre Daten an die Heimatwelt übermittelt hatten. Das würde auf der fernen Welt nicht sofort zur Verfügung stehen. Dennoch war die kleine blaue Indra ein perfekter Ort, um die Übung so realistisch wie möglich durchzuführen.

Kaum blinzelte die Sonne mit ersten Strahlen über die Heimatwelt hinweg, da zündete die mächtige „Whark" ihre Triebwerke und flog einem vereisten blauen Planeten entgegen.
In einigen Stunden sollte diese blaue Indra erreicht werden.
Langsam schwebte die „Whark" über die Heimatwelt, passierte dann die mächtige „Rhim", eines der beiden anderen Trägerschiffe der planetaren Verteidigung, auf der nun Soreeya und ihre Abteilung des Instituts für Weltraumforschung untergebracht waren. Schon kurze Zeit später zogen die großen Weltraumwerften in der Nähe der beiden kleinen Monde vorbei.
Wehmütig sah Ajunas dem hektischen Treiben auf ihnen nach. In großer Eile wurden dort Raumschiffe gebaut. Wie an Perlenketten aufgereiht flogen Transporter zwischen der Heimatwelt und den Werften hin und her und brachten Material, Arbeitskräfte und Verpflegung.
„Was für ein Wahnsinn ein ganzes Volk zu evakuieren", Ajunas konnte sich nur mit Mühe vom Anblick der Weltraumwerften lösen.
Doch es gab kein zurück. Die Landwirtschaft der Heimatwelt fuhr bereits die letzten Ernten ein und die gesamte Industrie produzierte nur noch für die Flotte.

Schwermütig atmete er tief durch und blickte in Richtung der blauen Indra. Er musste an diese Primaten dort denken. Sie hatten von all dem keine Ahnung. Nicht von der Existenz der Heimatwelt, nicht von Ajunas' Volk und auch nicht von der bevorstehenden Katastrophe. Und sie würden das Desaster auch noch überleben.

„Wenn es doch nur einen Weg gäbe, diesen Primaten oder ihren Nachfahren zu zeigen, dass es uns gab", ging es Ajunas durch den Kopf. Einigen Verantwortlichen der Heimatwelt war es sogar in den Sinn gekommen, einige dieser Primaten mitzunehmen. Für den Fall, das auch die blaue Indra mehr als gedacht zerstört werden würde, hatte man vor diese Primaten nach der Katastrophe wieder dort anzusiedeln.
Allerdings sind diese Vorschläge schnell wieder fallen gelassen worden.
Eigentlich konnte sich die Heimatwelt glücklich schätzen, seit einigen Jahrhunderten bemannte Raumfahrt zu betreiben. So war die Evakuierung nicht wirklich ein Problem.
Auch die ferne Welt zu der man nun umsiedeln musste, war seit Jahrzehnten bekannt und einigermaßen gut erforscht.
Ajunas ertappte sich bei dem Gedanken, das Rhydon doch Recht hatte. Der Heimatwelt stand alles zur Verfügung, was man für ein derartiges Unternehmen brauchte.
Eine Vielzahl riesiger Raumschiffe auf denen es sogar eigene Decks für Landwirtschaft zur Lebensmittelversorgung größerer Raumflotten gab. Riesige Trägerschiffe und deren Jagdstaffeln hunderter kleiner Jäger als militärischer Geleitschutz bei größeren oder längeren stellaren Expeditionen waren Garant für Sicherheit und Schutz.

Als der der kleine grüne Parun, der innere Nachbarplanet der Heimatwelt, vorbeizog wurden die ersten Shuttles der Landeteams startklar gemacht. Die großen Transporter standen ebenfalls bereit für ihren Einsatz und die „Whark" näherte sich nun langsam der blauen Indra.
Die Lichttriebwerke wurden abgeschaltet und die Fusionsreaktoren fuhren die Drosselklappen der Ausstoßdüsen auf „Sparflamme" herunter.
In einer lang gezogenen Spirale näherte sich die „Whark" dem Orbit des blauen Planeten, den Ajunas' Volk die „Indra" nannte.
Die Flugdecks wurden geöffnet und die ersten Shuttle rollten zum Start.
Ajunas und sein Team waren gleich in der ersten Staffel an der Reihe.
Er wandte seinen Blick vom Fenster und zog seinen Raumanzug an, einen relativ bequemen silbrig-weißen Overall, setzte den Helm und auf schloss die Atemmaske.
Am Shuttle warteten bereits die beiden anderen. Grodan fluchte wie immer, wenn er in so einen Raumanzug schlüpfen musste und ließ sich diverse Bemerkungen nicht nehmen.

„Mit dem Ding sehe ich ja aus wie ein Elefant“ war nur von ihm zu hören, als er die beiden Atemluftschläuche am Helm befestigte.
Taelon, der Biologe, nahm das alles eher gelassener hin. Biss er doch zwischendurch immer mal wieder von seiner üppig zusammengestellten Proviantration ab.
„Ohne Dich bräuchten wir nur halb soviel Sprit!“ kommentierte Grodan den nächsten Bissen und Taelon verschluckte sich beinah, als über Funk die Startfreigabe erteilt wurde..
„Ist mir ein Rätsel wie der seinen Anzug überhaupt zu bekommt“, witzelte Grodan zu Ajunas.
„Einsteigen“! wehrte dieser die Bemerkung ab.
Ajunas erklomm die Pilotenkanzel, während die anderen in der Kabine des Shuttles Platz nahmen.
Die Triebwerke heulten auf und auch Shuttle 141 rollte zum Start.
Die Flugkontrolle der „Whark“ gab Startfreigabe und das ohrenbetäubendes Fauchen und Donnern der Triebwerke jagte die Shuttles aus dem Flugdeck.
Die erste Staffel flog auf die Atmosphäre einer fremden Welt zu.
Blitze zuckten an den Fenstern der Kabinen, als ionisierte Luft an den Hitzeschilden der Shuttles mit dem Metall reagierte. Die Drosselklappen der Plasmabrenner regulierten die Schubkraft der Triebwerke nun auf dem Niveau für Atmosphärenflug.
Im Nu zog das Shuttle zwei schneeweiße Kondensstreifen hinterher.
„Dort unten ist es, das Dreieck südlich der vereisten Landmasse“!
Ajunas hatte seine ihm bestimmten Landekoordinaten fixiert.
„Viel Eis, wenig Land!“ kommentierte er kurz und knapp den anderen.
„Wir landen dort, in der Nähe des Waldes!“ bestimmte Ajunas die Stelle.
Andere Shuttles der mittlerweile gestarteten zweiten Staffel kreuzten den Weg von Shuttle 141 auf der Suche nach ihren Landekoordinaten und zogen ebenfalls ihre Kondensstreifen aus den Triebwerken hinter sich her.
„Ob wir schon Aufmerksamkeit erregt haben dort unten“? Mehr sich selbst als den anderen stellte sich Ajunas die Frage.
Er flog in einer lang gezogenen Kurve auf den Rand eines ausgedehnten Waldgebietes zu und landete auf der anderen Seite in der Nähe einer Lichtung. Gegenüber der Lichtung gab es einen kleinen See. Perfekt für unsere Aufgabe, gab er über den internen Bordfunk den anderen durch.
Langsam fuhr Ajunas die Triebwerksleistung herunter. Sanft setzte das Shuttle auf der relativ unbekannten blauen Indra auf.
„Wir sind da“! „Los geht's“!
„Die Schwerkraft ist hier wesentlich größer als auf der Heimatwelt. Wir sollten nur das nötigste mitschleppen“ stellte der Biologe besorgt fest.
„Friss nicht soviel, dann fällt das Bewegen leichter“ konterte Grodan gelassen.

Taelon schnappte seinen Koffer für die zu untersuchenden biologischen Proben und auch Grodan ergriff seinen Notfallkoffer und schnallte ihn an die Hüfte. Ajunas verteilte vorsichtshalber kleine Handlaser. „Nur in Notwehr gebrauchen", befahl er barsch.
Als erstes bestimmte Taelon die Atembarkeit der Atmosphäre. „Nix da zum atmen", konstatierte er. „Die Helme bleiben auf!
" 74% Stickstoff und nur 16 % Sauerstoff bekommen uns nicht. Vom Rest ganz zu schweigen.
Okay, also los. Grodan du bleibst hinter uns und bildest die Nachhut. Ein Arzt muss erst helfen, nach dem was passiert ist! Also bist du der Letzte.
Ajunas selber ging voraus.
„Hier entlang" entschied er. Und die kleine Gruppe folgte ihm.
„Wir gehen zu der Lichtung da im Wald und sehen uns mal an, ob die als Landeplatz was für unseren Transporter taugt. Denn gleich hinter der Lichtung ist ein See. Da können die Techniker dann ihre Trinkwasseraufbereitungsanlagen ausprobieren. Sollte eigentlich ideal sein", meinte Ajunas.
Taelon sammelte auf dem Weg dorthin alle möglichen Proben von Pflanzen, Pilzen und Blättern um sie dann im Labor untersuchen zu können, aus welchen man essbare Nahrung reproduzieren könnte.
„Bleib hier, wir sollten uns nicht trennen" holte Ajunas den Arzt zurück, der seinen Bewegungsmelder in der Hand hielt.
„Hmm, sieht lecker aus" hörten sie Taelon vermelden, der sich über einen Busch voller dunkelblauer Beeren beugte.
„Du sollst sammeln, nicht futtern" kommentierte Grodan.
„Ruhe jetzt"! Ajunas war ungehalten über die ständigen Nervereien des Arztes.
Taelon legte ein paar dieser Beeren in seine Probenbehälter und beschriftete gerade den Aufkleber, als er über die Helmmikrofone ein ziemlich unangenehmes Fauchen vernahm.
„Habt ihr das gehört?" fragte er die anderen.
„Hast einen fahren lassen?" witzelte Grodan, doch plötzlich riss er seinen Laser hoch und schoss knapp an Ajunas vorbei, der reflexartig beiseite sprang. Im selben Moment überschlug sich ein ziemlich großes, gestreiftes Tier mit fürchterlichen rasierklingenscharfen Hauern die aus dem Maul ragten, und blieb reglos neben Ajunas liegen.
„Guter Schuß" sagte der nur kurz und sah auf das verbrannte Loch am Hals des Tieres neben ihm.
„Soll ich dieses Vieh auch untersuchen"? wollte Taelon wissen.
„Nein, zurück zum Shuttle – sofort!" befahl Ajunas.
„Das war eine böse Überraschung. Aber damit müssen wir auch auf der fernen Welt rechnen".
„Deswegen sind wir hier" überlegte er. Um mit solchen Sachen klarzukommen und dennoch die Aufgabe zu erfüllen.

Ziemlich außer Atem wegen der ungewohnt hohen Schwerkraft dieses Planeten und da man im Laufschritt zum Shuttle zurückeilte, ließen sich die Drei in die komfortablen Sessel fallen.
„Wir nehmen es gleich noch einmal in Angriff", aber diesmal mit mehr Vorsicht.
„Grodan, Du überwachst mit dem Bewegungsdetektor das gesamte Umfeld" und meldest alles was sich auf uns zu bewegt. So eine Überraschung können wir uns nicht noch mal erlauben".
„Geht klar, ich nehm' den großen, der ist empfindlicher".
Taelon hatte indes seinen Helm abgenommen und einen Bissen seiner Ration verschlungen, während er die Behälter mit den bisher gesammelten Proben im Labor einsortierte.
„Jetzt frisst der schon wieder" Grodan schüttelte über den Biologen nur den Kopf.
Und Ajunas schüttelte über die ständigen Bemerkungen des Arztes den Kopf.
Nach dem sich die Drei einige Zeit etwas erholt hatten, mahnte Ajunas die gestellte Aufgabe an.
„Los, auf geht's zum zweiten Versuch, kommt jetzt, wir haben hier zu tun"!
Die Drei verließen erneut das Shuttle und sofort wandelte sich Grodans Einstellung.
Mit höchster Konzentration überwachte er den Bewegungsdetektor und lotste die Gruppe zur Lichtung. Taelon sammelte indes einige verschiedene Pilze ein und blieb daher hinter den anderen zurück.
„Halt! Da drüben". „In Deckung, hinter den Busch dort". Auf der Lichtung sahen sie einen ziemlich wild aussehenden dieser Primaten an einem unförmigen Kasten hantieren.
„Na der hat Mut. So mutterseelenalleine auf der offenen Lichtung, wo uns eben dieses Vieh angegriffen hat". „Vielleicht will er es mit dem komischen Kasten da einfangen" entgegnete Grodan?
„Verflucht noch mal, wo ist Taelon"?
„Taelon, wo steckst Du? Fragte Ajunas über sein Helmfunkgerät.
Der Biologe kam fast im Laufschritt angerannt, um zu den anderen aufzuschließen.
Dabei stolperte er über eine aus dem Boden ragende Wurzel und stürzte.
Ajunas sprang aus dem Versteck um dem Biologen zu helfen. Blieb aber urplötzlich stehen.
Er wusste, was nun geschehen war.
Denn auch der Wilde auf der Lichtung drehte sich um, und sah erschrocken zu ihnen hin.
Nun kam auch Grodan hinter dem Busch hervor und ging zwischen den Bäumen auf die anderen zu.

Ein paar Momente lang sahen die Angehörigen zweier völlig fremder Welten einander an.
Da ergriff dieser seltsam aussehende Wilde zwei reichlich zerbrechlich anmutende Stöcker.
„Na, der wird doch wohl nicht etwa"? Grodan hatte schon seinen Laser in der Hand, da durchbrach wildes Fauchen und Brüllen die Situation.
Ein weiteres dieser gefährlichen Tiere kam aus den Büschen heraus auf die Lichtung gestürmt.
Von der anderen Seite der Lichtung kam noch einer dieser Primaten angerannt und rammte dem Tier etwas in die Seite. Prompt bekam er von dem verletzten Tier einen mächtigen Hieb verpasst und blieb reglos liegen. Das Tier stürmte wieder auf den anderen zu.
Ein kurzer Blitz aus Grodans Laser und das Tier überschlug sich in vollem Lauf mehrmals, blieb dann ebenfalls reglos neben dem Wilden liegen.
Taelon hatte sich mittlerweile auch wieder aufgerafft. „Alles okay bei Euch?" fragte der Arzt.
„Geht schon, bin gestolpert" kam die Antwort.
„Na da haben wir ja was Schönes angerichtet. Rhydon macht mir die Hölle heiß".
Ajunas war sichtlich wütend.
„Wir sollen einen Landeplatz für unseren Transporter suchen, und nicht wie die Wilden um uns ballern".
„Was hätten wir denn Tun sollen?", beschwichtigte Grodan, der sich über den am Boden liegenden Wilden beugte, dem das Blut aus der Wunde nur so herausspritzte.
Ajunas hörte schon Rhydons Standpauke, doch er wurde prompt von Grodan angeherrscht.
Der hatte seinen Notfallkoffer neben dem Wilden geöffnet und orderte von ihm bestimmte Instrumente, während er die Blutung zu stillen versuchte.
Ajunas gab dem Arzt das Gewünschte. Im Augenwinkel beobachtete er den anderen, in panischer Angst zitternden Wilden, der seine beiden Stöcker immer noch hoch über dem Kopf umklammert hielt.
Eine Beruhigungsspritze wurde dem Fremdling verabreicht
„Du wolltest mit Deinen komischen Zahnstochern da doch nicht etwa auf uns los"? bemerkte Taelon, der auf den wie angewurzelt dastehenden anderen Wilden zuging.
„Vielleicht wollte der seinen Schneider lynchen, sie nur welch Edel Zwirn der trägt", bemerkte Grodan und deutete mit einer Kopfbewegung auf den reichlich unförmigen und verfilzten Fellumhang des Fremdlings.
„Nimm dem mal seine beiden Stöcker da aus den Händen, der kriegt sonst noch nen Haltungsschaden, ein Patient reicht mir hier."

„Zellregenerator“! In regelrechtem Befehlston orderte der Arzt von Ajunas seine Instrumente und Ajunas sah erstmals eine völlig andere Seite in Grodan.
Dieser Arzt mit dem Charme eines Vorschlaghammers kümmerte sich sichtlich rührend um
diesen verletzten Wilden.
Grodan schaltete das Gerät ein und ein blaues Licht erstrahlte an der Spitze. Mit ruhiger Hand trotz der dicken Handschuhe des Raumanzuges führte er den Zellregenerator über der Wunde hin und her. „Na wenigstens das funktioniert bei dem.“ Das Blut gerann und er konnte einen Verband anlegen.
Dann führte er nochmals das Gerät über der Wunde hin und her, die sich daraufhin zu schließen begann.
Er hat viel Blut verloren“. „Wir müssen ihn zum Shuttle bringen, sonst gibt der mir hier die Löffel ab“! Grodan war sichtlich nervös.
„Oh nein, nicht der auch noch!“ stöhnte Grodan. Denn als Taelon dem anderen Wilden seine beiden Stöcker aus den Händen nahm, die er hoch über dem Kopf krampfhaft umklammert hielt, fiel der einfach um. Obwohl er den Ernst der Lage sah musste Ajunas über die Situation schmunzeln. Der Wilde hatte immer abwechselnd zu ihm und zu dem toten Tier hin und her geblickt und war sichtlich mit den Nerven zu Fuß. Er versuchte sich in die Lage des Wilden zu versetzen und konnte sich langsam den Schaden ausmalen, den sie angerichtet hatten.
Ihren Transporter würden sie heute wohl nicht mehr brauchen, kam ihm in den Sinn.
Rhydon ahnte bestimmt schon, das bei ihnen etwas schief gelaufen war. Längst hätten sie auch ihren Transporter abrufen müssen. Doch er wagte noch nicht, mit der Whark Verbindung aufzunehmen.
„Im Shuttle kann ich dem wenigstens eine Infusion als Ersatz für den Blutverlust geben“ meldete sich der Arzt wieder.
Ohne auf Ajunas’ Entscheidung zu warten hob er den Wilden auf und ging los.
„Verdammt“!
„Was ist los“? „Da drüben“! Taelon hatte von Grodan den Bewegungsdetektor übernommen und meldete etwas auf der anderen Seite der Lichtung.
„Da scheint noch einer dieser Wilden gewesen zu sein“.
„Na super, wenn der das alles mit angesehen hat, dann hat der bestimmt schon nach Hilfe geschickt“!
„Weg hier, zurück zum Shuttle, bevor es hier von denen nur so wimmelt.“!
Die ungewohnte Schwerkraft machte ihnen zwar zu schaffen, doch diesmal blieb sogar Grodan ruhig mit seinen Kommentaren.

Erschöpft gelangten sie im Shuttle an und Grodan legte seinen Patienten sofort auf eine Trage.
In dem kleinen Labor des Shuttles stellte er eine über den Daumen gepeilte Ersatzlösung für das verlorene Blut des Fremden zusammen.
„Wenn der keine Transfusion bekommt, macht der es nicht mehr lange“.
„Was sollen wir denn Tun, dem anderen ne Blutspende abzapfen?
„Bis ich raus habe, ob die kompatibel sind, ist der hier abgetreten. Sein Puls wird immer schwächer. Ich fürchte, der hat zu viel Blut verloren.“
„Verdammt!“
Beruhigend legte Ajunas dem Arzt seine Hand auf die Schulter.
„Du kannst nicht jeden retten“ meinte er. Mir hast Du schon das Leben gerettet vorhin.
„Der braucht keine Spende mehr“. Meldete sich Taelon als er sah, wie ein Arm des Fremdlings kraftlos vom Körper rutschte, der Kopf zur Seite fiel und er aufhörte zu Atmen. „Das wars dann“! diagnostizierte er.
„Mist“! Schweigend standen die Drei um den toten Fremdling herum.
„Ich scanne die Gegend“, wenn hier noch andere dieser Fremdlinge sind, bringen wir ihn zu den Seinen zurück“. Ajunas bestieg seine Pilotenkanzel und hantierte an den Geräten.
Die Triebwerke heulten auf und das Shuttle erhob sich vom Boden.
Die Scanner meldeten eine kleine Gruppe dieser Primaten auf der anderen Seite des Waldes.
Das Shuttle jagte über den Wald und Ajunas sah, wie sich die Wilden zu Boden warfen.
Er wendete und verringerte die Triebwerksleistung. Nun stand das Shuttle ruhig in der Luft, durch den Senkrechtschub der Triebwerke in der Standschwebe gehalten.
Das Fauchen der Turbinen wurde schwächer, als er den Leistungsregler der Triebwerke zurücknahm. Das Shuttle senkte sich zu Boden und setzte sanft auf den Landestützen auf.
„Kommt, wir bringen ihn zu seinen Gefährten zurück“. Ajunas öffnete die Kanzel und ging voran, ohne auf die anderen zu warten.
Taelon öffnete die Kabinenluke und Grodan trug mit bitterer Miene seinen Patienten, den er nicht hatte retten können, auf den Armen.
Langsam gingen die Drei auf die kleine Gruppe der fremden Wilden zu und legten deren Gefährten sanft zu Boden.
„Na sieh mal, der steht ja wieder“ kommentierte Grodan, als er den älteren und scheinbar Anführer der Gruppe auf sich zukommen sah.
Er schien sie etwas zu fragen, doch Ajunas verstand die Sprache nicht.
Stattdessen zeigte er nur auf seinen Namen, der in mintgrünen Lettern auf seiner Brust stand und hoffte, dieser Wilde mit einer reichlich wüsten Lockenmähne und einem verfilzten unförmigen Fellumhang, der durchaus mal wieder eine Wäsche vertragen könnte würde sich irgendwann an die Zeichen erinnern.

„Nun aber zurück, bevor die uns noch lynchen“ mahnte Ajunas zur Eile. Grodan und Taelon verschwanden im Shuttle, während Ajunas noch einen Moment dem fremden gegenüber stehen blieb. Doch dann eilte auch er zum Shuttle und die Triebwerke heulten erneut auf.
Langsam erhob sich das Shuttle vom Boden. Ajunas hielt das Shuttle in einiger Höhe noch ein paar Augenblicke ruhig in der Luft. Den Bug zu der Gruppe Fremdlinge gewandt. Dann fuhr er die Triebwerke hoch und nahm Kurs über den Wald hinweg.

So kehrte auch Shuttle 141 an diesem Tag unverrichteter Dinge aus dem Wald zurück.
Keinen Landeplatz für die Transporter, keine aufgestellten Wasseraufbereitungsanlagen und keine biologisch untersuchten Nahrungsproben. Stattdessen hatte man einen Toten Fremden und eine Schießerei gegen wilde Tiere zu verzeichnen.
„Was für ein Reinfall“! Ajunas war enttäuscht. So hatte er sich die Landeübung nun wirklich nicht vorgestellt.
Zurück auf der Whark, bestellte ihn General Rhydon umgehend zum Rapport.
„Mit Problemen, wie ihr sie hattet, haben wir ehrlich nicht gerechnet“ meinte Rhydon ruhig.
„Auch das wird uns helfen, auf der fernen Welt zurecht zu kommen“.
Die Drei hatten einen ausführlichen Bericht anzufertigen und waren dann ebenfalls entlassen.
Eine weitere Übung war angesetzt. Diesmal scannte die Whark jedoch erst einen bestimmten Bereich nach Leben, bevor erste Shuttle starteten. Bei diesem erneuten Versuch ging alles glatt. Auch Ajunas' Team konnten im zweiten Anlauf den Transporter ordern. Dessen Besatzung schleppte Generatoren und eine Meerwasserentsalzungsanlage. Binnen kurzer Zeit war Energie und Wasserversorgung für eine Kleinstadt gesichert. Auch andere Teams stellten ihr Können unter Beweis. Eine Anlage zur Verhüttung von Roherzen, zwei von fremder Atmosphäre hermetisch abgeriegelte Gewächshäuser, sowie ein provisorisches Containerdorf mit Lazarett standen binnen eines Tages.
Rhydon war sichtlich zufrieden. Auf einer fremden unbekannten Welt konnte binnen eines Tages eine regelrechte Kleinstadt die Arbeit aufnehmen und weitere Schritte zur Ankunft der Flotte vorbereiten. Und alles war unter realen Bedingungen geschafft worden.
Die Übung war somit erfolgreich abgeschlossen und die Whark trat den Rückweg zur Heimatwelt an.
Noch während des Rückfluges erreichte die Whark eine Warnung der Flugkontrolle.

Eine der riesigen Raumstationen war mit Zusatztriebwerken ausgerüstet worden und absolvierte einen Testflug in Richtung der inneren Planeten. Auch die Beydra meldete sich. Ajunas hörte über die interne Kommunikation, wie die Navigationskontrolle die Beydra zum vorgeschobenen Posten in die Warteposition abmeldete.
„Sieh Dir nur diesen Ameisenhaufen an“ meinte Ajunas zum Biologen, als sie aus den Fenstern der Whark auf die Unzahl winziger Pünktchen sahen, die um die Heimatwelt schwebten. Wie an Perlenketten aufgereiht stiegen Lichter vom Planeten zu den Schiffen der Flotte auf und flogen wieder zum Planeten zurück.
„Die Evakuierung hat wohl begonnen“.
„Tja, langsam wird es Ernst“!
„Hast Du gehört? Die Beydra hat sich zur Startposition abgemeldet.“
„Ja“ sagte Ajunas knapp.
„Bald können wir auf der fernen Welt beweisen, dass wir eben nicht nur Zufall produziert haben“!
„Wenn wir versagen, dann wird das da draußen alles umsonst gewesen sein“!
In der Tat sah die Heimatwelt aus, wie von einem Schwarm großer und kleiner Glühwürmchen umgeben. Transporter brachten nicht benötigtes Material und Gerät auf den Planeten und von dort Ausrüstung, Nahrung und Treibstoffe zur Flotte. Die gewaltigen Trägerschiffe schickten ihre nun nicht mehr benötigten Jäger auf die Oberfläche. Lediglich die Whark blieb militärisch voll ausgerüstet, da sie als Geleitschutz der Flotte fungierte. Die anderen beiden Trägerschiffe der planetaren Verteidigung nahmen das Gros der Bewohner auf.
Transporter und Forschungsraumschiffe wurden mit Material, Ersatzteilen und Treibstoffen voll gepackt. Die Weltraumwerften stellten in fieberhafter Eile ein weiteres Großraumschiff fertig.
Shuttles wurden ausgeschickt, um die vorgeschobenen Weltraumteleskope einzufangen, welche bisher der Raumüberwachung dienten.
Das Observatorium des Instituts für Weltraumforschung war bereits auf die Rhim verlegt und dort installiert worden.
Soreeya arbeitete auch dort wie immer an den Bildsystemen und der Datenanalyse. Die Teleskope waren ausgerichtet und hatten den vermaledeiten Kometen in ihren Objektiven eingefangen. Unablässig verfolgten sie seine Bahn. Doch die errechneten Bahndaten besserten sich nicht.
Auf den Monitoren wurde der riesige schmutzig-graue Eisklumpen immer größer.
Und die Zeit immer knapper.

Soreeya zuckte regelrecht zusammen, als sie ihren Namen hörte. Über den Bordfunk wurde sie zum Landedeck beordert. Eigentlich sollte sie sich darüber freuen. Doch sie wusste wer kam, und warum.
Sie hatte die Beydra zur Startposition fliegen sehen. Und ihr Ajunas musste mitfliegen.
So war die Zeit für den Abschied gekommen.
„Uns trennen doch höchstens 4 Monate" versuchte er sie zu beruhigen.
„Ajunas.. wenn irgendwas passiert, ich könnte nicht ohne Dich"....
„Ein Riesenkomet kommt und zerstört unseren Planeten – was sollte sonst schon schlimmes passieren?" war von hinten zu hören.
„Oh nein, nicht der schon wieder"! Von wem anders als dem Arzt Grodan konnte diese Bemerkung schon kommen.
„Ich komme gerade von der Auswertung" jubelte er. „Und was soll ich Dir sagen, ich komme auch mit"!
„Mit uns? Mit der Beydra?" fragte Ajunas ungläubig. Eigentlich war Grodan der Flotte als Arzt zugeteilt gewesen.
„Genau"! „Bei der Auswertung der Übung wurde entschieden, die Teams nicht wieder auseinander zu reißen. Rhydon hatte dafür plädiert".
Kaum hatte Grodan die Mitteilung an die beiden weitergegeben, verschwand er auch schon wieder.
„Komm, wir fliegen noch einmal zu unserem Platz". Ajunas ergriff Soreea's Hand ohne ihre Antwort abzuwarten. Schweigend gingen die beiden zur Startsektion.
Den letzten Tag vor dem Start der Beydra verbrachten Ajunas und Soreeya noch einmal auf ihrem Planeten. Ihrer zum Tode verurteilten Heimatwelt.
Sie fuhren in die Berge zum Hochplateau und lagen schweigend nebeneinander. Am Horizont erhob sich die majestätische Silhouette des äußeren Gasriesen über die Gipfel der Berge. Er erschien ebenso groß wie das Zentralgestirn, welches langsam hinter den Bergen versank und die Dämmerung ihres letzten Tages auf der Heimatwelt einleitete.
„Ob das alles gut geht"? „Wer hat uns nur ein solches Schicksal auferlegt"? Soreeya war den Tränen nah. Ajunas nahm seine liebste in den Arm und hielt sie ganz nah bei sich.
„Wir stehen das durch"! versuchte er sie zu beruhigen, denn sie zitterte vor Bitterkeit am ganzen Körper.
„Komm, wir müssen los". „Ich hab nur noch kurze Zeit für heute die private Fluggenehmigung".
Ajunas brachte Soreeya direkt zur „Rhim" und begleitete sie zu ihrem Quartier.
Ein letzter Kuss, eine letzte Umarmung und schon ließ sich Rhydon's Stimme vernehmen und beorderte Ajunas zur Beydra. Der Countdown zum Start lief bereits und auch die letzten der begleitenden Transporter waren endlich voll ausgerüstet eingetroffen.

„Es geht los, wir sehen uns in ein paar Monaten“, sagte er und ging eilig zum Shuttle.
Als die Flugkontrolle der Beydra ihm Landegenehmigung auf Flugbasis zwei erteilte, wartete dort bereits ein Elektroneningenieur auf ihn. „Hier, ein neuer Helm, ich hab Dir eingebaut was Du wolltest“.
„Danke Dir“. „Dann werde ich Rhydon mal auf die Füße treten, mal sehen ob er es genehmigt“, meinte Ajunas. Er hatte zwar wenig Hoffnung, dass der General es erlauben würde, aber ein Versuch war es wert.
„Rhydon, bitte!“ flehte Ajunas den General an. „Ich weiß, was Du versuchen willst, aber wir haben schon so knappe Vorräte und das Vorauskommando ist startklar. Entgegnete der General.
„Rhydon, wir haben die einmalige Chance, denen zu erklären, wer wir waren und wo wir geblieben sind“! Ajunas gab nicht auf. Die Elektroneningenieure hatten die Datenanalysen der Landeübung ausgewertet und mit Sprachcomputern eine Übersetzung der Sprache der Fremdlinge von der Indra möglich gemacht. In den neuen Helmen waren Außenlautsprecher und das Sprachprogramm integriert worden.
„Rhydon, das ist eine einmalige Chance, die wir uns nicht entgehen lassen sollten, bitte überdenke es noch einmal“!
„Okay! Ein Shuttle, maximal zwei Leute und morgen Abend seit ihr zurück“!
„Danke General“! Ajunas verschwand sofort und trommelte seine beiden Leute zusammen. Grodan und Taelon waren ziemlich überrascht, das Ajunas den General hat umstimmen können, aber sofort standen sie in voller Montur bereit.

Ein letztes Mal jagte Shuttle 141 einem vereisten blauen Planeten entgegen.
Hinter einem Waldstück in der Nähe einer Lichtung setzte es auf.
„Was willst Du denen denn sagen“? fragte Taelon.
„Ich weiß es nicht“ meinte Ajunas. Wir müssen ihnen sagen, dass es uns gab. Vielleicht erzählen sie es ihren Nachfahren.
Zaghaft kam eine kleine Gruppe ziemlich verwildert aussehender auf die drei zu.
„Na, sieh mal, den kennen wir doch“, konstatierte Grodan, als er einen schon recht alt aussehenden in einem verfilzten unförmigen Fellumhang sah.
„Nanu, heute ohne Zahnstocher“? „Fall mir ja nicht wieder um!“ witzelte Grodan.
„Hör auf“ mahnte Ajunas den Arzt.
Er ging auf den reichlich seltsam aussehenden mit dem Fellumhang zu und zeigte mit seiner Hand auf seinen in mintgrünen Lettern aufgedruckten Namen auf seinem Raumanzug.

Er schaltete das Sprachprogramm ein und sagte seinen Namen. Erschrocken wich der andere zurück.

„Was ist Ajunas? Wollte der wissen.
„Das ist mein Name, so heiße ich“, sagte Ajunas.
„Bran“, gab der andere zurück und deutete mit beiden Händen auf sich. Die recht metallisch klingende Stimme aus den Helmlautsprechern ängstigte ihn wohl.
„Kein Wunder, die denken wir kommen von den Sternen und Du willst denen was von einem Kometen erzählen“?
„Hast Du einen besseren Vorschlag, Grodan“?
Noch eine Weile gab es mit Händen und Füßen eine immer lebhafter werdende Unterredung zwischen zwei Gruppen, die unterschiedlicher nicht hätten sein können.
Auf der einen Seite eine kleine Gruppe eiszeitlicher Jäger und Sammler, die noch Schwierigkeiten hatten, überhaupt eine feste Behausung zu bewerkstelligen.
Auf der anderen Seite drei in Raumanzügen mit Helmvisier und Atemmaske steckende Raumfahrer einer anderen Welt, die im Begriff waren ihren Planeten zu evakuieren.
„Ajunas sah auf die Uhr. Wir müssen los“!

Ein letztes mal für eine lange, lange Zeit zerriss das donnernde Fauchen der Triebwerke eines Shuttles die Stille auf einem blauen Planeten. Wehmütig ob des ultimativ letzten Blickes auf diese schöne blaue Welt hielt Ajunas das Shuttle noch eine Weile über den Bäumen.
Die drei sahen auf die kleine Gruppe herab. “Ob die begriffen haben, wer wir waren und was wir ihnen sagen wollten“?
„Keine Ahnung“ meinte Ajunas. „Aber irgendwann werden ihre Nachfahren auch Teleskope und Observatorien bauen und damit den Himmel erforschen.
Sie werden auf die Trümmer unserer Heimatwelt blicken und erforschen, wie sie zustande kamen.“
Die Triebwerke heulten auf und in einer lang gezogenen Spirale jagte Shuttle 141 dem Himmel von Indra entgegen.
Unten, auf dem blauen Planeten, stand noch lange die kleine Gruppe am Rande des Waldes und sah in den Himmel empor.

„Was ist ein Tesko, Teles.... wie hieß das noch mal“? fragte Borel.
„Teleskop, keine Ahnung was das ist“ entgegnete Bran.
Aber das er sagte, dass unsere Nachfahren so was bauen werden.
„Wie ich es geträumt hatte, die himmlischen Wunder werden nicht kommen.“ Bran war entsetzt.

„Aber Bran, das Silberwesen Ajunas hat doch gesagt, sie kommen noch ein letztes mal, die himmlischen Wunder."
„Ja", sagte Bran. Wir werden die himmlischen Wunder noch ein letztes mal sehen.
Unseren Nachfahren wird nur beschieden sein, zu erforschen was es war, diese -- „Zeit der himmlischen Wunder"!
Der alte Bran -- Führer einer kleinen Gemeinschaft von „Jägern und Sammlern" am Rande eines Waldes auf einem vereisten blauen Planeten drehte sich um und ging.

Und auch Shuttle 141 zündete die Plasmafusionstriebwerke und jagte der bereits gestarteten Beydra und ihrer kleinen Transporterflotte nach.
Auch die Hauptflotte rückte langsam in Formation vor. Immer mehr ausgerüstete und mit Bewohnern der Heimatwelt besetzte Schiffe reihten sich in die Flugformation ein.
Der Komet war bereits als kleiner Punkt in der Ferne mit bloßem Auge zu erkennen. Ein winziger Schleier war deutliches Zeichen, das die Sonne bereits den Schweif zu entzünden vermochte.

Einige Zeit verging und auf dem blauen Planeten brach der Winter herein.
Eisige Kälte machte der kleinen Gemeinschaft schwer zu schaffen. Die kleine Gruppe lebte längst nicht mehr bei dem Wald mit der Lichtung in der Nähe des Sees, sondern zog weiter in Gebiete mit jagdbarem Wild.
Doch in den klaren Winternächten schauten alle Mitglieder der Gemeinschaft zum Himmel empor.
Von einem kleinen Punkt, der sich jede Nacht etwas weiterzubewegen schien, zog ein Schleier in sanft schillernden Farben über das halbe Firmament.
„Die himmlischen Wunder, es gibt sie doch!" Begeistert über das farbenfrohe Schauspiel am Firmament vergaßen viele sogar die klirrende Kälte.
Als nach vielen Nächten der kleine Punkt mit dem prächtigen Schleier soweit am Himmel entlang gewandert war, das er fast am Horizont verschwunden nicht mehr zu sehen war, standen wieder alle Mitglieder der kleinen Gemeinschaft beisammen und blickten verzückt zum Himmel.
„Es gibt sie doch, die himmlischen Wunder". „Sie sind wunderschön".

Doch plötzlich erschraken alle und zuckten regelrecht zusammen.

Ein gleißend greller Blitz durchzuckte den Nachthimmel. Im Nu waren vom Schleier nur noch einzelne Filamente zu sehen. Auch diese verschwanden nach kurzer Zeit.
„Sie sind zu Ende, die himmlischen Wunder sind zu Ende". Sagte Borel, der die junge Mirrha fest im Arm hielt.
„Kommt jetzt ein Unglück?" wollte jemand wissen.
„Nein", sagte Bran. „Nicht bei uns".

Die Gewalt des Einschlags auf der Heimatwelt war so gigantisch, das es den ganzen Planeten in abertausende Stücke zerriss. Das Wassereis des riesigen Kometen verdampfte explosionsartig und die Gewalt der davon ausgehenden Wolke jagte ins Universum. Der kleine grüne Nachbarplanet der Heimatwelt war unglücklicherweise direkt auf einer Bahnlinie mit dem Ort des Geschehens. Ihm wurde durch die Gewalt der Explosion die schwache Atmosphäre regelrecht weggeblasen, die Strahlungshitze der Explosion dörrte ihn zusätzlich regelrecht aus und seine einst Wasser führenden kleinen Flussbetten trockneten aus. Nur an den Polen schlug sich kondensiertes Wasser nieder und gefror in der Eiseskälte des Weltraumes aufgrund der nun fehlenden Atmosphäre. Aber ein kleiner blauer Planet war auf seiner Bahn um das Zentralgestirn weit entfernt von der Katastrophe und blieb, bis auf einige wenige Einschläge kleinerer Trümmerstücke eines zerrissenen Planeten, weitestgehend unversehrt.
Und ebenso, wie versteinerte Mienen einer Gemeinschaft eiszeitlicher Primaten ein letztes mal die Zeit der himmlischen Wunder – den phantastischen Anblick eines farbenprächtigen Kometenschweifs, der sich in schillernden Farben über das halbe Firmament legte – sah…

….so blickten versteinerte Mienen blickten auf die Monitore und Bildsysteme einer Vielzahl von Raumschiffen.
Niemand sagte ein Wort. Es waren die Besatzungen der Flotte und die Bewohner der Heimatwelt, die auf den Tiefenscannern, Teleskopen und Observatorien der Raumschiffe ihren Planeten untergehen sahen und nun auf ihrer Flotte eine neue Heimat suchten -- auf einer fernen fremden Welt.

*************

# „NEAR“

Viele, viele Generationen sind vergangen, da durchbricht die Stille einer lauen Sommernacht auf einem kleinen blauen Planeten erneut das donnernde Fauchen von Raketenmotoren. Wieder heben leistungsstarke Triebwerke ein Shuttle in den Himmel. Eine gewaltige Rauchsäule auf deren Spitze ein kleiner Punkt in das Blau des Firmaments schießt, steigt in einem leichten Bogen gen Himmel.
Doch anstatt sich angstvoll zu Boden zu werfen, wie einst vor Urzeiten eine kleine Gruppe noch halb verwilderter Ahnen am Rande eines Waldes, jubeln die Menschen heute begeistert dem erfolgreichen Raketenstart zu.
Erneut startet ein Shuttle zum Flug ins All. Dieses Mal trägt es nicht die Bezeichnung 141, sondern es ist ein Space Shuttle der NASA.
Es bringt die Forschungssonde „NEAR“ auf den Weg zu einer Mission, um „himmlische Wunder“ zu klären.
Sie ist ein 400 Millionen Dollar teures Projekt internationaler Zusammenarbeit. Ihr Ziel ist ein ausgedehntes Trümmerfeld zwischen einem kleinen ausgedörrten Planeten und einem gigantischen Gasriesen mit einem charakteristischen Roten Fleck auf der Südhemisphäre.
Dort, zwischen diesen beiden Planeten Mars und Jupiter zieht sich der so genannte Asteroidengürtel. Seine größten Vertreter sind die Planetoiden.
Einer von ihnen --„Eros“, der zweitgrößte Planetoid im Asteroidengürtel -- ist das Ziel von „NEAR“.
Astronomen und Planetologen streiten schon lange über Ursachen und Herkunft des Asteroidengürtels. Schon der antike Philosoph Sokrates sagte einmal: „Ich bin so kühn und setze zwischen Mars und Jupiter einen Planeten“.
Doch da widersprechen die Astronomen. Es gab keinen Planeten, sagen sie. Sie, die Asteroiden, seien ein Überbleibsel bei der Planetenbildung im Sonnensystem.
Sozusagen der Schrotthaufen nicht benötigter Planetenteile.
Um diese Frage zu klären und den Streit der Forscher zu beenden, startete „NEAR“ und soll sogar auf dem Planetoiden EROS landen.
Doch bereits jetzt sendet „NEAR“ sensationelle Daten von EROS.
Die Datenanalyse versetzt auch die Planetologen in Euphorie.

Das derzeit fesselndste Thema für die an der Mission beteiligten Planetologen ist der geschichtete Aufbau des Planetoiden. So liest man in den Nachrichten über die Mission von „NEAR“.
Einer der Beteiligten, der Planetologe Jim Bell von der Cornell-University, ließ seiner Euphorie freien Lauf und sagte:

*„Die aufregendste Erklärung ist, dass der Asteroid einmal Teil eines grösseren Körpers gewesen sein muß. Dieser einst eigenständige Planet müsste zwischen Mars und Jupiter – da, wo heute der Asteroidengürtel ist –entstanden und später durch einen gigantischen Einschlag zerbrochen sein".*

Das wäre dann die endgültige Widerlegung der Meinung der Astronomen, dass der Asteroidengürtel nur die nicht benötigten Reste der Planetenentstehung darstellt.

Aber die Astronomen haben ja eine andere Hoffnung. Mit ihrem „Arecibo" Radioteleskop suchen sie etwa 30 % des Himmels nach künstlichen Signalen aus den Weiten des Alls ab.

*********

Nun – irgendwie muss der Asteroidengürtel ja entstanden sein.

Und wenn damals – vor Urzeiten -- die Beydra ihre Arbeit als Vorauskommando erfolgreich gelöst hat und die Ankunft der Hauptflotte vorbereiten konnte, dann hat auch der Pilot Ajunas seine Astronomin Soreeya wieder in die Arme schließen können.

Und wenn sie sich auf einer fernen Welt ebenso innig geliebt haben wie auf der Heimatwelt, dann erhält diese kleine Geschichte doch noch ein Happy End und man könnte sagen:

„Und wenn sie nicht gestorben sind.....

.........dann fangen die Radioteleskope der Erde vielleicht doch einmal künstliche Signale aus den Weiten des Weltalls auf."

Vielleicht ja sogar ausgesandt von einem sympathischen Volk, das auf einer fernen fremden Welt eine neue Heimat fand.

## *Der kleine Ausreißer*

Interessiert kletterte Pidou in dem kleinen Baum in der Mitte des Geheges. Sein schneeweißes Fell mit den lustigen dunklen Flecken um die Augen herum glänzte in der Sonne und seine Mama konnte stolz auf ihren Sprössling sein. Quirlig wie er war, brachte er allerhand Leben – aber auch oftmals Verwirrung --- in den ansonsten eher tristen Zooalltag. Schon seit dem frühesten Morgen zwitscherten ein paar Vögel ihr Lied vom Gehege nebenan herüber.

In der Krone des Baumes umhertollend um zu den gefiederten Zwitscherlingen oben auf dem Dach des Nachbargeheges zu gelangen, hangelte er nach einem seitlich vom Stamm ragenden Ast, als mit lautem Krachen der andere, an dem er sich mit den Hinterpranken festhielt abbrach. Sich krampfhaft mit den Vordertatzen festhaltend, baumelte er mit dem ganzen Körper in der Luft und fand keinen Halt. Er strampelte mit den Hinterbeinen, doch nichts half. Der Pfleger hatte gerade das Futter im Gehege verteilt und sah erschrocken hinauf, wer da wohl so jämmerlich vor sich hin stöhnte. Doch als er Pidou so in der Luft baumeln sah, lachte er lauthals, und selbst seine Mama brummte vergnügt. Irgendwie hatte Pidou das Gefühl, dass seine äußerst missliche Lage wohl auch noch ziemlich lächerlich aussah. Doch der Pfleger hatte Erbarmen, hob ihn herunter und übergab ihn schleunigst seiner Mama. Diesen Reinfall mit der Kletterei musste Pidou erst einmal verdauen. So lief er von einer Ecke des Bärengeheges zur anderen, immer hin und her.

Ob die sich wohl auch lustig machten über ihn? Es hörte sich ja auch ganz lustig an, dieses Vogelgezwitscher.

Seine Mama lag noch in der Mitte unter den Blättern des Baumes, als der Pfleger mit lautem Geschepper die an der Wand lehnende Schubkarre umwarf, mit der immer der ganze Unrat aus dem Gehege gefahren wurde.. „Hach nein, muss der jetzt gerade stören, wo die Vögel doch so schön singen“? knurrte Pidou genervt. Er wollte so gerne das Lied der gefiederten Musikanten zu Ende hören. Also rannte er immer woanders hin als der Pfleger gerade war, um soviel wie nur möglich von dem Gezwitscher mitzubekommen. Nachher würden wieder diese blöden Menschen kommen, die Vögel vertreiben, und ihn den ganzen Tag lang anstarren. Es war ihm einfach zuwider, immer so angegafft zu werden. Doch in einem Zoo ist das nun mal so, hat seine Mama ihm immer beigebracht. Pidou ist zwar erst vor ein paar Monaten im Zoo

geboren worden und kannte es nicht anders, dennoch war es ihm nicht geheuer, immer nur begafft zu werden. Vor allem, was die Leute so alles in das Gehege hineinwarfen -- das konnte man doch unmöglich fressen! Da war es doch besser auf den Pfleger zu warten, der mit leckeren Happen zum Frühstück den Tag eröffnete.
An diesem Tag hatten wie immer sehr viele Besucher das Bärengehege mit Pidou als „Star", weil jüngstem Nachwuchs bei den Pandabären, besucht.
Als es dann gegen Abend schon etwas schummrig wurde, kam neben einer Gruppe älterer Leute auch ein ziemlich düsterer Typ, den Pidou erst gar nicht bemerkte. Erst als dieser ein kleines Mädchen vom Gehege wegzuziehen versuchte, erregte er seine Aufmerksamkeit. Dieser Typ sah aus wie die Nacht. Seine pechschwarzen Haare fielen lockig bis auf die Schulter. Der schwarze Rollkragenpullover und die schwarze nietenbesetzte Hose gaben diesem jemand eine wirklich düster- finstere Ausstrahlung. Der mit Stachelnieten besetzte Gürtel mit der silbernen Schnalle sah aus, wie aus einer mittelalterlichen Folterkammer geklaut und an der einen Hand hatte dieser Kerl dieses kleine Mädchen, das mit ihren hellen Zöpfen und den Sommersprossen wirklich niedlich aussah und so überhaupt nicht zu diesem Finsterling zu passen schien. Das kleine Mädchen tat Pidou leid. Vielleicht war sie ja genauso bei diesem Kerl gefangen, wie er hier im Zoo gefangen war. Aber das würde er wohl nie erfahren.
Er sah noch ihren langen Zöpfen --die lustig bei jeder Bewegung umherbaumelten -- nach, bis dieser finstere Kerl mit ihr hinter dem Löwengehege verschwand. „Wie würde es ihr wohl so ergehen, bei den Menschen"? dachte sich Pidou und legte sich unter den Baum in der Mitte des Geheges. Seine Mama legte sich zu ihm. Doch der kleine Panda Pidou konnte nicht so recht einschlafen. Immer wieder gingen ihm die Ereignisse des Tages durch den Kopf.

Am nächsten Morgen kam der Pfleger früher als gewohnt mit dem Futter ins Gehege. Und Pidou stand auch so früh schon parat. Hörte er doch wieder den Vögeln zu. Er lief zu seiner Mama und wollte gerade mit fressen anfangen, als er sah, dass der Pfleger die Tür zum Gehege etwas offen stehen gelassen hatte.
Das war eine gute Gelegenheit, um zu den zwitschernden Liedsängern nebenan zu laufen. Und während seine Mama genüsslich am Bambus knabberte und der Pfleger mit Saubermachen beschäftigt war, rannte Pidou durch die offene Tür hinaus. Er rannte was ihn die Beine trugen. Denn die Vögel wurden aufgescheucht und flatterten davon, als sein Verschwinden bemerkt wurde. Sofort war große Aufregung im ganzen Tierpark.

Der kleine Panda wollte doch nur hinter den morgendlichen Musikanten hinterher. Er lief und lief und lief und merkte dabei gar nicht, dass er sich verlief.
Durch ein kleines Loch in der Umzäunung des Zoos, das offensichtlich für unerlaubtes, dafür aber gebührenfreies Eintreten in den Park angelegt wurde, gelangte er nach draußen.
Er machte kurz Halt und sah sich um. Da waren auf einmal so viele gefiederte Zwitscherlinge um ihn herum. Aber welche waren es, denen seine Aufmerksamkeit galt?
Erst mal hinterher, dachte er sich und rannte weiter die Straße entlang bis zu einem Bach, der inmitten der Stadt entlang floss.
Hier machte Pidou Halt um sich eine Erfrischung kalten, klaren Wassers zu gönnen.
Er sah sich noch einmal um und begann langsam zu ahnen, was er angerichtet hatte.
Er hatte keine Ahnung wo er war, oder wohin er wollte. Die Vögel hatte er aus den Augen verloren und zu hören war von ihnen auch nichts mehr. Und wo es zum Tierpark und damit zu seiner Mama und dem leckeren Bambus zurückging, wusste er ebenso wenig.
„Ach du liebe Güte, was habe ich da bloß wieder angestellt"? dachte er schweren Herzens. So blieb ihm nichts weiter übrig, als auf eigene Faust zu suchen. Er konnte ja schlecht jemanden nach dem Weg fragen.
So machte er sich auf und lief ziellos durch die Strassen und Gassen der Stadt.
Wie ein streunender Straßenköter irrte er umher.
Immer wieder zeigten Menschen, denen er begegnete, mit den Händen auf ihn wie im Zoo.
Man würde ihn wohl einfangen wollen. Deswegen zeigten alle auf ihn!
Ob seine Mama ihn schon vermisste? Der Pfleger ihn suchte?
Bald würde der ganze Zoo nach ihm suchen. Aber was sollte er denn nur sagen?
Hängenden Kopfes trottete er die Strasse entlang und er musste sich immer wieder in Gebüschen verstecken, damit man ihn nicht erwischte.
Was man wohl dann mit ihm machen würde? Traurig wegen seiner plötzlichen Einsamkeit blickte er in die langsam untergehende Abendsonne und der Magen begann zu knurren.
Er vermisste seine Mama und den Pfleger und seinen Kletterbaum.
Pidou verkroch sich in einem dichten Gebüsch, kuschelte sich in eine Erdmulde und legte mit einem tiefen Seufzer den Kopf auf seine übereinander gelegten Pranken. Er schloss die Augen und dachte daran, wie schön es jetzt wäre, bei seiner Mama zu liegen, oder noch etwas im Baum des Geheges herumzuklettern. Doch sein knurrender Magen machte ihm zu schaffen.

An Schlafen war überhaupt nicht zu denken. Also kroch er aus seinem Versteck wieder hervor und machte sich auf die Suche nach etwas essbarem. Er suchte überall. Sogar auf die höchsten Bäume kletterte er. Doch nirgends war sein geliebter Bambus zu finden. Nur so komisches Holz, mit dem er gar nichts anfangen konnte, wuchs hier auf diesen Bäumen, die er nur vom Sehen her kannte. Da plötzlich gab es unter ihm ein Geräusch, das ihm peinlich bekannt vorkam. Der Ast, auf dem er mit seinem ganzen Gewicht stand, brach. Pidou fiel vom Baum und landete inmitten von stinkenden Mülltonnen, die auch prompt scheppernd umfielen. In sämtlichen Häusern ringsherum gingen die Lichter an. „Oh je, jetzt nur schnell weg“! Sich kurz umdrehend, rannte er blindlings drauflos, mitten auf die Straße. Er blickte plötzlich in zwei grelle Lichter, welche direkt auf ihn zu gerast kamen. Bremsen quietschten und der Fahrer des Autos konnte nur noch verhindern, Pidou zu überfahren, indem er das Lenkrad herumriß und ein an der Straßenseite geparktes anderes Auto rammte.
Sein kleines Bärenherz rutschte Pidou sonst wohin. Mitten auf der Strasse stehend blickte er auf die qualmende Motorhaube und sah den Fahrer aussteigen.
Nein! Um Gottes Willen, das war --- da stieg doch--- jetzt aber weg! nichts wie weg! Da stieg doch tatsächlich dieser düstere finstere Widerling, den er im Zoo gesehen hatte, aus dem Wagen.
Weg!!! War sein einziger Gedanke. Pidou bekam nicht mehr mit, wie dieser Kerl sich den Schaden ansah und dennoch nur erleichtert lächelte.
Er rannte nur einfach blindlings drauflos.
Keuchend und erschöpft suchte er sich wieder einmal ein dichtes Gebüsch.
„Was hab ich nur wieder angerichtet“? Nervös und geschafft hatte er Mühe etwas zur Ruhe zu kommen.
„Alles wird immer schlimmer! Das kann ich doch nie wieder gutmachen! Nein, nun kann ich nicht mehr zurück! Ich darf einfach nicht mehr“.
Schweren Herzens richtete sich der kleine Pandabär Pidou im Gebüsch ein und versuchte erneut, etwas zur Ruhe zu kommen.
Wenn das alles rauskommen würde, dann würde der Pfleger Hackfleisch aus ihm machen, seine Mama ihm den Hintern versohlen und danach gäbe es „Pommes Pidou“ bei den Löwen nebenan.
Nein! Nie wieder zurück!
Voller Kummer und mit den Nerven völlig am Boden schlief er endlich ein.
Lautes Knurren riss ihn plötzlich aus dem Schlaf. Was ist das? Was ist los?
Angstvoll sah er sich um, aber da war nichts. Nur sein Magen knurrte.

Also wieder was zu essen suchen! „Na das kann ja heiter werden, wenn es wieder so läuft wie gestern"! sagte er sich fast entmutigt, und trottete bekümmert los.
Er hoffte, seine Nase würde ihm schon etwas Essbares melden. Aber Fehlanzeige.
Stunde um Stunde irrte er in der Gegend umher. Sich immer wieder vor den Menschen versteckend.
Auf alle möglichen Bäume war er geklettert, aber nirgends konnte er etwas für seinen Magen ausfindig machen.
Der Tag brach an und erste Sonnenstrahlen beendeten die Finsternis der Nacht.
Wieder nichts gefunden. Enttäuscht und mit dem Magen in den Kniekehlen trottete er weiter als er bei einem ziemlich großen Haus die Außentür offen stehen sah.
Ein süßer Geruch von Honig drang von dort nach draußen.
Pidou hielt inne. Er wusste nicht was er tun sollte. Schon wieder durch eine offene Tür? Diesmal nicht raus, sondern rein? Was würde das wohl wieder so alles nach sich ziehen?
Doch sein Hunger besiegte alle Bedenken. Aus leisen Pranken schlich er sich näher.
Angstvoll sah er sich um, doch nichts und niemand war zu sehen. Also huschte er in das Haus hinein.
In dem Zimmer, das er betrat, stand ein Tisch mit den leckersten Sachen. Es roch nach frischem Toast und Kaffee. Und vor allem – nach Honig!
Pidou tapste auf den Tisch zu. Aber, ohne sich auf seine Hinterpranken zu stellen, konnte er nicht über die Tischkante blicken. Dabei riss er mit seinen Krallen die Tischdecke herunter
und das ganze Gedeck des Tisches begrub ihn laut scheppernd unter sich. Verstört kramte er sich unter der Tischdecke hervor, rannte los und prallte in vollem Lauf gegen die Eingangstür, die mit einem lauten Knall zufiel.
„Oh nein, so ein Mist! Gefangen"! jammerte Pidou. Na das war ja nun wieder mal ein Reinfall.
Hier kam er nicht wieder raus. Er lief in ein anderes Zimmer. Aber auch dort war kein entkommen. Fenster und Türen waren zu.
„Na wenn schon alles zu spät war, dann wenigstens nicht mit leerem Magen", sagte er sich und lief zurück zu seinem Scherbenhaufen am Frühstückstisch. Das Glas Honig hatte den Sturz heil überstanden und lag inmitten der Butter und der Marmelade auf dem Boden.
Pidou versuchte mit seiner Zunge den Honig aus dem Glas zu schlecken, doch dieses verflixte Ding rutschte immer weg. Immer wieder versuchte er an den leckeren süßen Bienensaft heranzukommen.

An dem kaputten Marmeladenglas schnitt er sich eine Pfote auf. Wütend vor Schmerz verpasste er dem Honigglas einen Tritt, das es bis zur Wand kullerte. Mit blutender Pfote hinkte er hinterher. Gegen die Wand gelehnt konnte das Glas nun nicht mehr wegrutschen und Pidou kam mit der ganzen Schnauze in das Glas hinein. Jedes kleine bisschen Honig schlang er gierig hinter.
Irgendwo hatte er noch ein anderes Glas stehen sehen. Er zog seine Nase zurück. Doch was war das? Dieses verdammte Glas kam hinterher. So, wie es vorher immer wegrutschte.
Oh, nein! Das so was immer mir passieren muss! stöhnte Pidou. Er steckte mit der Schnauze im Glas fest. Da hörte er Geräusche, von draußen sich nähern.
Die Eingangstür ging auf und ein kleines Mädchen kam mit Zeitungen unter dem Arm in das Haus herein.
Vati, Vati, sieh nur was hier los ist! rief sie die Treppe hinauf.
Voller Schreck hatte Pidou sich indes unter der Blumenbank am Fenster versteckt.
Aber das war doch! --- Pidou traute seinen kleinen Bärenaugen nicht!

„Warst Du das mit dem Geschepper"? tönte es von oben erbost.
Nein Dad. Das war ich nicht, rief die Kleine zurück.
„Aber sieh nur was hier los ist! Komm schnell Dad, wir haben einen Einbrecher"!
Auf der Treppe waren Schritte zu hören. Ängstlich lugte Pidou unter der Blumenbank hervor.
Er glaubte seinen Augen nicht zu trauen. Da war doch tatsächlich wieder dieser düstere finstere Widerling aus dem Zoo, der da die Treppe heruntergelaufen kam.
„Nun ist alles aus"! dachte Pidou. Er konnte nicht aus dem Haus raus und dieser widerliche Finsterling würde ihm den Garaus machen. Pidou musste sich aber auch ausgerechnet dieses Haus für seinen morgendlichen Einbruch aussuchen.
So ein Pech konnte wirklich nur ein kleiner Panda haben.
Da konnte ihm auch die Kleine nicht helfen. Oder brauchte sie eher seine Hilfe bei diesem Finsterling?
Doch was konnte er tun?
Dieser Kerl nahm die Kleine in den Arm und sah auf den Boden.
Pidou's Blutspuren folgend, kam er auf die Blumenbank zu.
Er hob das kleine Deckchen hoch, welches darauf lag und wusste nicht was er sagen sollte. Der Mund stand ihm offen und das Mädchen sah genauso erstaunt drein.
Doch statteide begannen lauthals zu lachen.

Betreten blickte Pidou zu Boden. Wie ein mutiger kleiner Bär richtete sich Pidou auf und versuchte so angsteinflößend wie möglich zu knurren, oder wenigsten so zu tun.
Doch marmeladeverklebtes Fell, eine blutende Pfote und die Schnauze in einem Honigglas verklemmt, machten anscheinend keinen sehr gefährlichen Eindruck.
Und irgendwie fühlte Pidou, das seine missliche Lage wieder einmal ziemlich lächerlich aussehen musste.
Dieser Düsterheitsfanatiker würde ihn nun ergreifen und das war's dann, befürchtete Pidou.
In der Tat ließ der Kerl die Kleine vom Arm herunter und griff nach ihm.
„Lauf du wenigstens weg", dachte Pidou und blickte auf die noch offen stehende Eingangstür.
Doch das kleine Mädchen blieb brav bei diesem ganz in schwarz gekleideten Widerling stehen und half sogar noch bei seiner Ergreifung.
Also das konnte er nun gar nicht verstehen.
Zitternd vor Angst ließ sich Pidou in ein Nebenzimmer tragen und sah zu wie ein Schrank mit allerlei kleinen Fläschchen darin geöffnet wurde.
Das Mädchen nahm eine weiße Rolle heraus und reichte sie diesem Widerling. Der wickelte sie auseinander und kam auf ihn zu.
„Oh je, nun würde er wohl gefesselt werden und irgendwelche Tierfänger würden gerufen werden", ängstigte er sich.
Doch stattdessen befreite dieser Kerl seine schmerzende und blutende Pfote von dem Glassplitter und das Mädchen hielt ihn sanft in ihrem Arm, redete in beruhigender Weise auf ihn ein und befreite auch seine Schnauze von diesem vermaledeiten Honigglas.
Pidou wusste gar nicht wie ihm geschah. Er ließ sich in die Badewanne setzen und sein klebendes stinkendes Fell wurde ihm gereinigt. Mit einem Strahl lauwarmen Wassers wurde er gewaschen und dann mit einer grünen nach Apfel riechenden Flüssigkeit eingeseift.
Er schäumte richtig, aber nicht vor Wut, sondern vor Apfelshampoo.
Alles lachte wieder, als er sich schüttelnd vom Wasser befreite. Wie Schneeflocken wirbelte der Schaum umher und ein großer Batzen blieb auf Pidou's Schnauze haften.
Er musste niesen, so kitzelte dieses Zeug in seiner Nase.
Er wurde gerubbelt und gewaschen und der kleine Panda Pidou begann es zu genießen.
Vielleicht war dieser düstere Kerl ja doch gar nicht so widerlich, wie er aussah!
Das kleine Mädchen sagte auch immer Papa zu ihm!
Viele kleine Kinder im Zoo haben dieses Wort gebraucht, wenn sie mit den Großen redeten.
Irgendwie verstand Pidou die Welt nicht mehr.

Wo er geborgen war, rannte er weg. Ein Typ, vor dem er Angst hatte, half ihm.
Wo war er nur gelandet? Und das alles nur wegen diesem blöden Vogelgezwitscher!

„Autsch, tut das weh!!!“ knurrte Pidou, als dieser Kerl seine Wunde behandelte.

„Tut ihm das nicht weh“? fragte die Kleine ihren Vater, der die Wunde mit Jod auswusch.
„Na, ja! Etwas wohl schon“. Du musst ihn ganz fest halten, damit er nicht entwischt.
Pidou spürte, wie er fester in den Griff genommen wurde, aber er verspürte kaum noch Angst.
Die Kleine würde ihm schon nichts antun, hoffte er.
In der Tat wurde ihm nur noch die Pfote verbunden. Dann wurde er wieder hinunter in das Zimmer getragen, in dem er soviel Schaden angerichtet hatte.
Durch das Fenster sah er das Auto im Hof stehen, das ihn fast überfahren hatte, letzte Nacht.
Eine fürchterliche Beule an der Seite des Autos rief ihm den ersten Abend nach seinem Ausriss wieder in Erinnerung.
„Ach du meine Güte! Jetzt werden mir wohl noch mal alle meine Missetaten gezeigt“.
Verzweifelt versuchte er vom Arm des Mädchens herunterzukommen, doch sie hatte ihn gut im Griff. Außerdem tat ihm seine Pranke weh.
Nein, so konnte er sich nicht richtig wehren. Und er wollte es auch gar nicht so recht.
Denn er fühlte sich wohl bei der Kleinen. Und der so düster aussehende Kerl schien gar nicht so garstig zu sein, wie es den Anschein hatte.
Irgendwie hatte Pidou das Gefühl, unter den Menschen ein paar Freunde gefunden zu haben, die ihm alles -- was er angerichtet hatte -- nicht sooo Übel nahmen, wie er befürchtete.
Nachdem er nun wieder wie ein richtiger kleiner Panda aussah, so mit glänzendem weißen Fell mit lustigen dunklen Flecken um die Augen und ohne Marmelade drin und drauf und mit versorgter Wunde bekam er nun etwas richtiges zu fressen. Der Honig von vorhin war wirklich etwas wenig für seinen Bärenhunger.
Das kleine Mädchen wurde von diesem Kerl bestimmt genauso behandelt, wie er. Sie bekam ja auch zu essen, sofern Pidou noch etwas heile gelassen hatte, von dem, was vor seinem Besuch noch ein lecker gedeckter Frühstückstisch gewesen war. Und die Kleine hatte ein eigenes Zimmer in diesem Haus. Es war beruhigend zu sehen, dass es ihr wirklich gut ging.

Na, ja! Vielleicht sollte man wirklich nicht nur nach dem Aussehen urteilen, dachte sich Pidou, sondern auch danach, wie man behandelt wird.
Doch dann griff sich dieser Finsterling den kleinen Pidou und er wurde zu dem verbeulten Auto draußen im Hof getragen. „Oh je“, nun geht's wohl doch noch meinem Ende entgegen.
Doch die Autofahrt mit Pidou ***im*** Wagen verlief wesentlich ruhiger, als mit Pidou ***vor*** dem Wagen. Und vor allem auch wesentlich unfallfreier.
Und langsam wusste der kleine Ausreißer auch wieder, wo er war. Denn der düstere finstere Widerling, vor dem Pidou so viel Angst hatte, brachte ihn zurück zum Zoo und damit auch zurück zu seiner Mama.
Und endlich konnte Pidou wieder den fröhlich zwitschernden Vögeln am Morgen lauschen, in den Armen seiner Mama kuschelnd.

## Nicki!

Der Toaster warf die ersten Schnitten aus und die ganze Küche duftete bereits nach frisch gebrühtem Kaffee, als ich zum Frühstück kam. Allerdings sah ich um vier Uhr morgens noch aus wie jemand, der auf die Zinken gelatscht und dem dann der Stiel zwischen die Hörner geknallt ist und ich bewunderte immer wieder den Badezimmerspiegel, dass er meinen Anblick um solche Uhrzeiten widerspruchslos ertrug. Ich war nun mal ganz und gar kein Frühaufsteher.
Aber mein Blick erhellte sich schlagartig, als meine Frau aus dem Bad kam. Nur mit einem Handtuch bedeckt, wie einen Turban um die frisch gewaschenen Haare gewickelt, stand sie in der Tür wie die Natur sie geschaffen hatte. In Gedanken dankte ich der Natur auf Knien für diese üppige Phantasie in Fülle und Anmut, die bei jeder Bewegung alles andere vergessen ließ. Dieser Anblick entschädigte sogar für das fürchterlich miese Wetter draußen. Denn es war noch dunkel und dichter Nebel ließ nicht einmal einen Blick zu den Nachbarn zu. „Na das kann ja ne lustige Tour werden heute", dachte ich, als ich aus dem Fenster in dieses Mistwetter sah. Doch sofort tauschte ich den mit Sprühregen durchsetzten Nebel draußen wieder gegen den Anblick meiner Frau ein.
„Schatz, Dein Frühstück steht auf dem Tisch", sagte sie lakonisch als ihr bewusst wurde, wie ich sie ansah.
„Och schade, ich würde lieber.....!, antwortete ich mit einem verschmitzten Lächeln und zwinkerte ihr liebevoll zu.
Dann setzte ich mich an den duftenden Frühstückstisch und genoss einen großen Schluck Kaffee.
Dieses Mistwetter draußen machte mir nicht die leiseste Lust aufs Arbeiten.
Also goss ich noch Kaffee nach und ließ mir den nächsten Toast schmecken.
Belustigt sah ich auf die Uhr.
Ich musste an all die anderen Arbeiter denken, die immer so hektisch zur Arbeit hetzten, um ja pünktlich zu kommen.
Mir konnte das nicht passieren. Denn als Lokführer bei der Bahn hatte ich die seltene Sicherheit, dass der Zug ohne mich garantiert nicht losfährt.
Also lehnte ich mich zurück und drehte das Radio etwas lauter.
„Denk daran beim Immobilienmakler vorbeizuschauen, wenn du Feierabend hast"! rief Angela aus dem Bad, in das sie wieder hin verschwunden war, weil ihr Turban um die nassen Haare partout nicht so wollte, wie sie es gern hätte.

„Klar mache ich", brummte ich kaum hörbar zurück und machte mich an die letzte Toastschnitte.

Der letzte Schluck Kaffee war alle und ich machte mich auf den Weg. Ich stieg ins Auto und fuhr ziemlich rasch los, da es doch schon recht spät geworden war. Der Weg zur Arbeit führte mich an dem Haus vorbei, welches meine Frau und ich uns kaufen wollten, und so konnte ich jeden Tag einen Blick auf unser künftiges Anwesen werfen.
Heute allerdings war es etwas anderes. Denn kaum hatte ich das Grundstück inmitten gespenstischer Nebelschwaden erblickt, sah ich dort im verwilderten Vorgarten ein kleines Mädchen. Ihr Kleid, dessen Farbe ich nur in etwa ahnen konnte, war pitschnass und die lustigen Blümchen darauf konnte man vor Schmutz auch kaum noch sehen. Irgendwie hatte sie bei jedem Schritt eine unnatürlich gekrümmte Haltung. Es sah so aus, als hatte sie durch eine kaputte Wirbelsäule einen schweren Haltungsschaden davongetragen.
Trotzdem lachte sie bei jeder Bewegung. Aber immer wieder verschwand sie in den dichten Nebelschwaden.
Im Arm trug sie eine zerlumpte Puppe mit abgerissenem Kopf, die sie dennoch wie ihren Augapfel zu behüten schien.
Ich parkte meinen Wagen am Wegrand und stieg aus. Was in aller Welt hatte die Kleine so früh am Morgen hier zu suchen? Noch dazu bei diesem Sauwetter? Es würde noch Stunden dauern, bis es überhaupt nur etwas hell werden würde. Müsste sie denn nicht zu Hause sein oder sich bald auf den Weg zur Schule machen?
Ich stieg aus um zu fragen, was sie denn hier wollte, so früh am Morgen. Doch kaum sah sie mich kommen, rannte sie mit finsterer Miene fort und verschwand im dichten Nebel.
Etwas irritiert ging ich wieder zurück zum Auto und tastete mich durch dieses Mistwetter zur Arbeit. Die ganze Schicht hindurch ging mir die Kleine nicht mehr aus dem Kopf.
Was hatte sie dort gewollt?
Hatte sie kein Zuhause?

Nach Feierabend fuhr ich erneut an diesem Anwesen vorbei. Das Wetter war besser geworden und es regnete auch nicht mehr. Aber es war nirgends auch nur eine Spur von diesem Mädchen zu sehen. So fuhr ich weiter zum Immobilienmakler, um die Kaufgebote anderer Interessenten für das Anwesen einzuholen.
Am nächsten Tag war es das gleiche Mistwetter wie am Tag zuvor. Heute hatte ich erst abends Dienst und so ging ich zu Fuß zu diesem Anwesen, um mich dort einmal genauer umzusehen. Neblig wie es auch heute war, konnte ich erst im fahlen Schein einer Straßenlaterne Einzelheiten des Vorgartens ausmachen. Doch kaum in der Nähe angelangt, spielte dort wieder dieses kleine Mädchen in ihrem patschnassen, schmutzigen Kleid.

Ihre Haare waren blutverklebt und ihre Zöpfe trieften wie eine Regenrinne. Anscheinend hatte sie eine stark blutende Verletzung am Kopf. Hatte sie die gestern auch schon?
Ich wusste es nicht mehr ob mir das aufgefallen war. Doch sie schien sich überhaupt nichts daraus zu machen. Sie lachte fröhlich und spielte mit ihrer Puppe. Und wie von Geisterhand bewegt, schwebte sie wieder und wieder mitten in diese Nebelschwaden hinein. Mir schauderte bei diesem Anblick. Wie zum Teufel kann man ein Kind nur so verkommen lassen. Was musste dieses Kind nur für Eltern haben. Ich war fest entschlossen ihr zu helfen, so ich es denn konnte. Also kletterte ich über den Zaun, der das Anwesen umgab und ging um das Haus herum. Die Kleine versteckte sich immer wieder vor mir. Oder wollte sie nur spielen? Aber sie hatte mich wahrscheinlich gar nicht gesehen. Denn als ich in eine Pfütze patschte drehte sie sich erschrocken um und rannte – ihre zerlumpte Puppe mit dem abgerissenen Kopf fest umklammernd -- in den dichten Nebel hinein und war verschwunden. Ich ging wieder nach Hause und konnte immer noch nicht so recht begreifen, wo die Kleine herkommen könnte. Aus unserem Ort war sie garantiert nicht. Hier kannte jeder jeden.
Meiner Frau hatte ich von all dem noch nichts erzählt. Sie würde wohl gleich die Polizei alarmieren. Was wohl auch das Beste gewesen wäre. Aber ich beschloss, die Sache in die eigene Hand zu nehmen. Ich wollte die Kleine zu ihren Eltern – so sie denn welche hatte – zurückbringen oder aber sie in ein Heim bringen, wo man sich um sie kümmern würde. Dieses verwilderte und anscheinend verwaiste Mädchen tat mir Leid.
Am nächsten Morgen verzog sich der Nebel langsam und so etwas wie die Sonne schickte sich an, den restlichen Tag doch noch etwas zu erhellen. Doch so richtig konnte sie sich mit ihrer gegen Herbstende nachlassenden Kraft nicht durchsetzen.
Dafür legte sich ein seltsam schwärzlicher Schatten über den meist grauen Tageshimmel, der diesem eine mysteriöse, geisterhafte Stimmung verlieh. Am darauf Folgenden Abend war ich wieder auf dem Weg zur Arbeit. Unterwegs – noch vor dem Anwesen – traf ich einen meiner Nachbarn.

Ich erzählte ihm von der Kleinen.
„Da hat seit langem niemand mehr gespielt“. sagte er. Na, er musste es wissen. Wenn überhaupt jemand etwas wusste, dann er. Denn dieser künftige Nachbar war der lokale Klatschreporter.
„Vielleicht habe ich ja auch nur Geister gesehen“, in diesem dichtem Nebel kein Wunder, gab er mir zu denken.
Aber so richtig glaubte ich nicht daran. Nein, ich habe sie wirklich gesehen.

Ich hasste den Herbst. Denn kaum hatte die Sonne vorsichtig durchblicken lassen, dass es sie auch noch gab, legte sich wieder dichter Nebel über die Abenddämmerung. Und wieder nahm diese mysteriöse schwärzliche unheildrohende Färbung des Abendhimmels den letzten Sonnenstrahlen ihre Chance, den immer dichter werdenden Nebel aufzuhalten. Den Weg zur Arbeit fuhr ich fast nur im Schritttempo. Und auch heute spielte auf dem Anwesen dieses Mädchen.
Sie hatte wie jeden Tag dasselbe patschnasse, schmutzige Kleid an. Und wie immer hielt sie ihre zerlumpte Puppe mit dem abgerissenen Kopf fest im Arm. Seltsamerweise schien sie aber dennoch nicht krank zu werden.
Ihre klatschnassen, blutverschmierten Haare klebten auf ihrer Schulter und ich hatte keine Ahnung, wann sie sich das letzte Mal gewaschen hatte. Wieder hielt ich an, um mit ihr zu sprechen. Doch kaum erblickte sie mich, rannte sie wie immer fort in den dichten Nebel hinein und war spurlos verschwunden.
Wen auch immer ich in unserer Ortschaft nach diesem Mädchen fragte, niemand hat sie je gesehen.

*******

Meine Arbeit als Lokführer machte mir bei diesem Nebel besonders zu schaffen. Gerade nachts schien sich dieser Nebel auch noch zu verstärken. Im Herbst ist das zwar eine Normalität, doch irgendwie war in diesem Nebel alles anders. So, als wollte mir eine schemenhaft undurchsichtige Wand jegliche Sicht versperren, fuhr ich mit meinem Zug ins dichte Nichts hinein. In der – so komisch das auch klingt – fahlen, hellen Dunkelheit tauchten gelegentlich die Spitzenlichter entgegenkommender Züge auf. Denn die Lichter meiner Lok vermochten die undurchdringliche Dichte des Nebels in der Nacht nur um ein paar Meter aufzuhellen. Für den Bruchteil einer Sekunde erhellten die Lichter der entgegenkommenden Züge die Nacht, in die ich mit meinem Zug hineinfuhr. Dahinter rauschten, geisterhaft aus den Nebelschwaden auftauchend, die Waggons an mir vorbei und nicht einmal der Fahrtwind vermochte dieses düstere Dickicht des Nebels aufzureißen.
Wie Milchglas sahen die Scheiben meiner Lok aus.
Ich stierte mir regelrecht die Augen aus dem Kopf nach jedem Signal, welches jeden Moment aus der schemenhaften Dunkelheit auftauchen konnte. Ein Schauer des Grauens lief mir über den Rücken, denn in solchen Situationen erinnerte ich mich meistens an Horrorfilme, wie „Nebel des Grauens“ oder so in der Art.
Und dann auch noch meine eigenen Erlebnisse mit diesem verwahrlosten Mädchen in einem solchen mysteriösen Nebel. Fast sah

ich da schon einen Zusammenhang und begann mir einzureden, alles nur zu träumen.
Nur das leise Rauschen der Fahrmotorlüfter meiner Lok hinter mir und die Fahrtgeräusche des Zuges suggerierten eine Art von Normalität.

Plötzlich zuckte ich erschrocken zusammen. Die Seitentür des Führerstandes war aufgegangen und ein frischer Luftzug kam herein. Und damit auch der Nebel. Erschrocken blickte ich zur Seite und wollte gerade die Tür wieder zuwerfen, als ich auf dem Sitz neben mir dieses kleine Mädchen sitzen sah.

Ich war kreidebleich vor Schreck. In ihrem patschnassen schmutzigen Kleid und den blutverklebten Haaren saß sie unvermittelt auf meiner Lok. Ihre zerlumpte Puppe mit dem abgerissenen Kopf fest im Arm.
Traurig sah sie mich an.

„Bitte kauft das Haus nicht, dort möchte ich wohnen!", sagte sie mit angstvoll hoffendem Blick und war genauso schnell wieder verschwunden wie sie da war. Die Tür des Führerstandes war noch offen, doch ich saß wie angewurzelt auf meinem Sitz hinterm Fahrschalter. Der Nebel drang zu mir herein und ich fühlte regelrecht, wie auch mein Verstand langsam vernebelte. Ich fühlte mich wie in einen Horrorfilm versetzt, als plötzlich die Bremsen meines Zuges zu quietschen begannen. Abrupt in die Realität zurückgeholt, ahnte ich was los war. Der Dichtungsring eines Luftschlauchs war geplatzt und verpasste meinem Zug durch den Druckverlust der Bremsluft eine Zwangsbremsung.
„Auch das noch, und dann noch in diesem Nebel". Ich war hellauf „begeistert"!
Mit Mühe das eben erlebte beiseite zu schieben, musste ich nun in diesen Nebel und in die Dunkelheit hinaus, einen blöden Dichtungsring wechseln. Der Zug hielt mit einem scharfen Ruck und ich schaltete die Lüfter aus. Augenblicklich war es im wahrsten Sinne des Wortes totenstill. Nur die durch die Reibung der Bremsen erwärmten Radreifen der Waggons knisterten leise.
Ich suchte aus der Ersatzteilkiste einen neuen Dichtungsring und machte mich auf den Weg nach hinten.
Mitten in der Schwärze der Nacht hörte ich am dreizehnten Waggon das Geräusch ausströmender Druckluft.
Ich hatte die Stelle gefunden.
„Na prima! Auch noch der dreizehnte! Das passt ja alles wie die Faust aufs Auge", brummte ich ungehalten. So schnell es ging wechselte ich die Dichtung, als durch den Nebel das Geräusch eines heran Nahendes Zuges zu hören war. Ich stellte mich in die Lücke zwischen zwei

Waggons und wartete ab, dass der Zug vorbei fuhr. Doch seltsamerweise kam kein Zug. Nur die Geräusche waren zu hören und der Fahrtwind verwirbelte etwas den Nebel. Aber von einem vorrüberfahrenden Zug war nichts zu sehen, obwohl ich nur ein paar Meter vom Nebengleis entfernt stand. Obwohl ich geradeaus sah und eigentlich die vorbeirauschenden Waggons hätte zählen können, sah ich nichts -- einfach nichts. Im Gegenteil, noch während der Zug vorüber führ, sah ich auf der Straße neben der Bahnstrecke ein Auto vorbei rasen, als währe es sternenklare Nacht.
Die Geräusche des sich entfernenden Zuges, der nie kam, verschwanden in der undurchsichtigen milchig- nebligen Dunkelheit. Nun begriff ich gar nichts mehr.
Mehr taumelnd als gehend, stolperte ich die Schwellen des Nachbargleises wieder zurück in Richtung meiner Lok als der Nebel plötzlich durchsichtig zu werden schien. Ich glaubte wieder das Mädchen in der Dunkelheit zu sehen. Eine schemenhafte Gestalt stand wenige Meter vor mir, entfernte sich aber mit jedem Schritt den ich mich zu nähern versuchte.
„Mein Gott, was ist nur los in dieser Nacht"? Ich begriff gar nichts mehr. Ein weiteres Auto raste auf der Strasse neben der Bahnstrecke vorbei, als sei es sternenklare Nacht. Langsam glaubte ich Gespenster zu sehen oder den Verstand zu verlieren. Es konnte doch nicht nur bei mir neblig sein? Und ringsherum war klare Sicht? Das ging doch nicht! Es sei denn ich wurde irre.
Aber plötzlich stand wieder dieses Mädchen vor mir. Ihr patschnasses schmutziges Kleid auf der Haut. Und obwohl es gar nicht regnete, waren ihre Haare wie immer vor Nässe und Blut verklebt. Erlag ich einem Hirngespinst?
Langsam glaubte ich an alles. Ich ging auf der Strasse weiter nach vorn zu meiner Lok. Doch schon nach wenigen Metern war der Nebel wieder derart dicht, dass ich nicht mal meinen Zug sehen konnte. Nur ein schwacher Schimmer wenig lichtstarker Glühlampen verriet mir, dass ich bei meiner Lok angekommen war.
Ein schrilles Pfeifen aus der Ferne kündigte einen weiteren entgegenkommenden Zug an.
„Na hoffentlich ist *der* diesmal echt", dachte ich lakonisch, während ich schnell die Tritte zum Führerstand erklomm. Tatsächlich war mir richtig schlecht von all diesen Ungereimtheiten.
Und da sah ich sie wieder.
Dieses kleine Mädchen wurde mir langsam unheimlich.
Sie stand im Nebengleis und sah traurig zu mir hinauf. Ich kam nicht mehr dazu, sie vor dem nahenden Zug zu warnen. Geisterhaft tauchten die Lichter der Lok und die Waggons aus dem Nebel auf und verschwanden ebenso schemenhaft hinter mir in der trüben Finsternis.

Das schwache Licht meiner Lok machte alles nur noch grauenhafter. Doch als der letzte Waggon in der Dunkelheit verschwunden war, stand sie immer noch da. Dort, im Nebengleis.

Dort, wo eigentlich der entgegenkommende Zug fuhr. Aber sie stand da. Nur ihr nasses Kleid mit den lustigen Blümchen flatterte im Fahrtwind, so als wäre der Zug durch sie hindurch gefahren.

„Was in aller Welt willst Du von mir“? Brüllte ich.
Ach, was soll's. Ist doch eh alles nur ein Traum.
Zumindest hoffte ich das. Ich prüfte das Funktionieren der Bremsen meines Güterzuges nach dem Wechseln des Dichtungsringes und fuhr weiter.
Doch kaum setzte sich der Zug in Bewegung, kam die Kleine plötzlich in mein Gleis herüber und lief vor mir her.
Immer schneller lief sie, denn immer schneller fuhr ich. Wie in Trance begann ich die Kleine zu jagen, brachte meinen Zug auf Höchstgeschwindigkeit, ohne das kleine Mädchen jedoch einzuholen. Sie rannte auch bei einer Geschwindigkeit von hundert Stundenkilometern noch vor mir her. Und plötzlich lachte ich wie ein kleines Kind, das nicht begreift was gerade geschieht.
Hätte mich in diesem Zustand jemand gesehen, wäre mir ein Termin bei den “Jungs mit den weißen Turnschuhen“ sicher gewesen.
Doch dann, als würde mich eine Faust in vollem Lauf treffen, riss der Nebel plötzlich auf.
Sterne funkelten über mir und ich konnte schon auf einige Kilometer Entfernung die Lichter meines Heimatortes sehen.
„Gott sei Dank, der Nebel hat ein Ende“, dachte ich erleichtert und sehnte mich nach Feierabend. Es war nicht mehr weit, bis ich meinen Zug ans Ziel gebracht hatte, da sah ich von weitem schon einen weiteren Zug mir entgegenkommen.

„Endlich“!
Ich war erleichtert. Der Nebel war zu Ende. Eine Wetterscheide, wie sie oft in der Nähe größerer Flüsse oder Wälder vorkommt, beendete das grauenhafte Nichts der Trübheit des Nebels.
Erleichtert grüßte ich den Lokführer des entgegenkommenden Zuges durch Auf- und Abblenden der Lichter meiner Lok.
„Der Ärmste“ dachte ich, denn dieser Kollege fuhr in etwas hinein, aus dem ich nur mit Mühe herauskam.

Nun war mein Feierabend nicht mehr weit und ich würde bald wieder zu Hause sein.

Ich beruhigte mich zusehends und sah gelassen den vorüber ziehenden Waggons meines Kollegen nach.
Am Bahnübergang vor dem Bahnhof auf den ich gerade zu fuhr, wartete eine Kolonne Autos und rechts die Straße entlang sah ich das Anwesen, welches bald mir und meiner Frau gehören sollte. Ängstlich blickte ich um mich, doch nirgends war das kleine Mädchen zu sehen.

Der letzte Waggon des entgegenkommenden Zuges hatte gerade den Bahnübergang passiert, und ich war mit meinem Zug kurz davor, als ein weißes Kleid mit lustigen Blümchen über die Gleise flatterte. Mir direkt vor den Zug.

Ein dumpfer Aufprall und das kurze Krachen brechender Knochen brachten mir den Nebel und alles Grauen dieser Welt auf einen Schlag zurück.
Voller Entsetzen hielt ich meinen Zug an. Ich stieg von der Lok herunter und rannte zurück. Mir war klar, wen ich erwischt hatte!
Ich hoffte mich zwar zu irren. Aber diese traurige Hoffnung zerschlug sich mit dem Anblick einer auf dem Bahnsteig liegenden zerlumpten Puppe.
Ihr Kopf war abgerissen und in einer großen Pfütze neben dem Bahnübergang lag in einem patschnassen Kleid der zertrümmerte Körper eines kleinen Mädchens. Ihr Haar klebte vor Blut und die lustigen Blümchen auf ihrem Kleid waren vor lauter Schmutz kaum noch zu erkennen.
Entsetzt stand ich da und konnte wieder keinen klaren Gedanken fassen.
„Sie!! Sie sind schuld!! Sie haben sie getötet"!!! schrie mir jemand ins Gesicht, als ich neben der Kleinen stand. Die Leute am Bahnübergang hatten wohl mitbekommen, dass ich der Lokführer des Zuges war, als ich die Schienen entlang gerannt kam.
Nur eine Frau stand schweigend und schluchzend hinter mir. Sie musste von ihrem Mann gehalten werden, damit sie nicht zusammenbrach.

In diese schaurige Situation hinein klingelte mein Handy.
Nur zögernd und verstört ging ich ran. Es war meine Frau.
Sie wollte wissen, ob ich denn auch schön arbeite.
Wortlos und wie in Trance sagte ich nur kurz „Ja". Außerdem teilte sie mir mit, sie habe im Katalog beim Immobilienmakler ein anderes Haus gesehen, auf das wir nicht erst auf das Höchstgebot mehrerer Käufer hätten warten müssen. Sie habe sofort zugesagt und auf unser eigentliches Anwesen verzichtet.
Eine Familie mit einer reizenden kleinen Tochter habe darauf hin den Zuschlag bekommen.
Mein Entsetzen wurde immer größer.

„Oh, Nicki! Warum hast Du das getan"? weinte die Frau hinter mir.
„Sie haben mein Kind umgebracht!" schluchtze sie völlig heiser.
Ihr Mann musste sie auffangen, als sie daraufhin ohnmächtig zusammenbrach.
Betreten blickte ich zu Boden und wusste nicht, wie ich reagieren sollte.

„Wir haben gestern Abend gerade das Anwesen dort drüben erworben", sagte der Mann und blickte in Richtung des Hauses, welches eigentlich Meines hätte werden sollen und in dem ich dieses kleine Mädchen seit geraumer Zeit gesehen hatte.
„Als der Güterzug vorüber war habe sich Nicki losgerissen:
„Ich bin als erster zu Hause!" rief sie und sei plötzlich losgerannt", sagte der Mann hinter mir, der seine Frau immer noch stützen musste.
Und so rannte die kleine Nicki mir direkt vor den Zug.
Nun lag sie in dieser Pfütze genau so da, wie ich sie immer gesehen hatte.
In einem patschnassen Kleid, dessen lustige Blümchen vor Schmutz kaum noch zu sehen waren. Ihre Haare waren Blut verklebt und der durch den Aufprall zertrümmerte Körper unnatürlich verkrümmt.
Ich gab ihr die kleine Puppe, die ich vom Bahnsteig aufgehoben hatte und deren Kopf nun abgerissen war, in ihre kleinen Hände und wandte mich traurig ab.

Sie hatte in Gedanken wohl schon in dem Haus gewohnt und gespielt.
Genau so wie ich.
In Gedanken wohnte ich ja auch schon in dem neuen Haus mit dem verwilderten Vorgarten. Und deshalb fuhr ich auf dem Weg zur Arbeit auch immer wieder dort vorbei.
Ihre kleine Kinderseele hatte wohl alles vorausgesehen, deswegen erschien sie mir in meinen Gedanken.
Außer meinen Zug -- den hatte sie nicht gesehen!

********

Jedes Jahr geschehen auf den Bahnstrecken über tausend „sogenannte" Personenunfälle.
Diese Geschichte ist all den Kollegen Lokführern gewidmet, die aus welchen Gründen und Ursachen auch immer in derartig traurige Situationen verwickelt werden und dennoch ihrer Arbeit auch weiterhin verantwortungsbewusst nachkommen müssen.

FSC
www.fsc.org
MIX
Papier | Fördert gute Waldnutzung
FSC® C083411

Kolibri 360 GmbH
Ferdinand-Jühlke-Straße 7
99095 Erfurt, Deutschland
produktsicherheit@kolibri360.de

Druck:
CPI Druckdienstleistungen GmbH
im Auftrag der
Kolibri 360 GmbH
Ferdinand-Jühlke-Str. 7
99095 Erfurt